Hot Rods

Hans G. Isenberg

Hot Rods

Edle Autos – heiße Dragster – coole Weltrekorde

© KOMET Verlag GmbH, Köln
www.komet-verlag.de
Text & Bild: Hans G. Isenberg
Gesamtherstellung: KOMET Verlag GmbH, Köln
ISBN 978-3-89836-841-4

Inhalt

Einleitung — 8
Hot Rods — 16
   Schnelles Geld mit heißen Öfen — 16
   Showtime — 20
   Kunst aus der Lack-Pistole — 26
   Asphalt-Cowboys — 28
   Chinesisch für Anfänger — 34
   Die Bonneville Speedweek — 38
Weltrekorde — 60
   Auf der Jagd nach dem absoluten Rekord — 60
   Im Rausch der Geschwindigkeit — 84
   Das finale Duell am Black Rock Desert — 93
Dragster — 108
   Feuerstühle – 402 Meter bis zum Ziel — 108
   Mehr als heißer Qualm – der Burn out — 114
   Ordnung muss sein — 116
   Mit Santa Pod fing alles an — 124

Einleitung

Je weniger Blech, desto besser. Die ersten amerikanischen Street Rods wurden schon in den 1930er-Jahren von geschickten Bastlern entworfen. Viel Geschick gehörte nicht dazu: Kotflügel und Verdeck abschrauben, etwas frische Farbe aufs Blech und fertig war der flotte Schlitten, der die Jugend schon damals begeisterte.

Moderne Serienwagen sind nahezu perfekte Maschinen: emotionslose Gebilde, entstanden aus dem Windkanal, diktiert von Marketing-Strategen, die mit jedem Cent rechnen. Der Mensch jedoch verkümmert vor lauter Perfektion – so jedenfalls denken viele Amerikaner und kaum weniger Europäer. Sie verzichten ganz bewusst auf den Luxus, der vom Fließband rollt. Sie bauen sich ihr Auto selbst, den Street oder Hot Rod. An den aufreizend glitzernden Donnerbüchsen scheint der technische Fortschritt spurlos vorrübergegangen zu sein. „California style" bedeutet für viele jung gebliebene Amerikaner mehr als eine Topkarriere hinter dem Schreibtisch. Rodder sind Idealisten, vergnügte Typen mit einer lockeren Einstellung zum Leben. Wer lacht, hat eine gesunde Seele. Stromlinienform als Feigenblatt? Vergiss es. Sparsame Dieselmotoren als Notlüge? Schon abgehakt. Spaß am Auto? Aber wie!

Seite 6: Die meisten Fans der weltweit etablierten Rodder-Gemeinde betrachten ihren Street Rod als Schmuckstück, mit dem man sorgfältig umgeht. Bei diesem Prachtstück aus Long Beach wurden die Proportionen des originalen Ford Three-Window Coupés nur leicht verändert.

Seit über 50 Jahren lieben die Amerikaner ihre „verrückten" Rods. Ein Ende der Liaison ist nicht in Sicht. Jedes Jahr werden mehr Bausätze verkauft, und der Zubehörhandel meldet Millionenumsätze. Nicht zuletzt heizt die auflagenstärkste Autozeitung der Welt, das amerikanische „Hot Rod Magazin", mit sechs Millionen Lesern der Szene tüchtig ein. Street Rodder sind kreativ gestaltet, kein Wagen gleicht dem anderen, das ist das oberste Gebot. Malen, schleifen, basteln, Ideen verwirklichen – auch das ist Rodding.

Viel Leistung für wenig Geld
Verfolgt man die Geschichte zu den ersten Street Rods zurück, stößt man unweigerlich auf Henry Ford. Im Jahr 1932 träumte in Amerika jeder von einem neuen Auto, denn die große Wirtschaftskrise war vergessen, die Menschen wollten wieder einen Hauch von Luxus spüren. Da kam Henry Fords neues Coupé gerade recht. Der geniale Marktstratege hatte den Braten längst gerochen. Sein Rezept: Viel Leistung für wenig Geld. Das Ford 32 Five-Window Coupé verkaufte sich trotz schlichter Worte fantastisch: „For the new age – a new Ford": Für das neue Zeitalter – ein neuer Ford. Nirgendwo sonst gab es einen preiswerteren Achtzylinder mit 65 PS und sanften 2.800 Umdrehungen. Der 3,6 Liter große V8-Motor wurde bis 1947 mit geringfügigen Änderungen in Millionenauflage gebaut – der erste Achtzylinder für das Sparschwein-Budget. Ein generalüberholter Austauschmotor kostete gerade einmal 277 Dollar. Amerika stand Kopf. Endlich hatte man ein Auto für werktags und für die Show am Wochenende. Innerhalb einer Viertelstunde konnte man das Five-Window Coupé um seine vier Kotflügel und die Stoßstangen erleichtern. Dann ging es ab auf die staubigen Stockcar-Pisten, deren im Oval verlaufende Rennstrecken einst für Hunde- und Pferderennen entworfen worden waren. Jetzt vergnügte sich darauf Amerikas Jugend mit ihren neuen Ford-

Viel Leistung für wenig Geld

Leistung ohne Ende. Das Vorbild aller klassischen Hot Rods ist bis heute das berühmte Three-Window Coupé von Henry Ford. Das Foto zeigt Amerikas Rennfahrer-Legende Mickey Thompson mit seinem zweimotorigen Hot Rod von 1953. Thompson gewann damit viele Stock-Car- und Dragster-Rennen.

Einleitung

Im Detail zeigt sich der Meister. Bei diesem preisgekrönten Hot Rod wurde die starre Hinterachse entfernt und gegen eine Einzelradaufhängung mit innenliegenden Scheibenbremsen ersetzt. Alles Handarbeit – Stück für Stück.

Coupés. Und nach einer gründlichen Wagenwäsche stand der brave Ford am Sonntagabend wieder in der väterlichen Garage, als sei nichts geschehen.

A Ford forever

In diesen turbulenten 1930er-Jahren entstanden Tausende Rods, nur hatte bislang keiner einen Namen für sie. Jetzt wurde auch werktags mit offenem Auspuff über die Boulevards flaniert. Die Kotflügel blieben in der Garage – je weniger Karosserie, umso besser. Und 65 PS waren längst nicht mehr genug. Auf noble Duesenberg-Chauffeure und Packard-Fahrer wirkten die frühen Street Rods schmerzhaft. Das hat sich nicht geändert. Wenn heute ein 400 PS starker Hot Rod von einer Ampel zur nächsten den neuesten Chevy um fünf Wagenlängen hinter sich lässt, stürzen für „normale" Autofahrer Welten ein. Die innere Zuneigung zur Automarke Ford hält in der Rodder-Szene bis heute an. Ein Chevrolet Street Rod kam in der Vergangenheit fast einer Gotteslästerung gleich. Das klassische Street-Rod-Coupé darf für viele Fans nur vom Ford 32 Five-Window Coupé oder einem 34er Three-Window Coupé abstammen. Roadster, Pick-ups und Delivery-Vans aus den gleichen Baureihen werden toleriert, aber das Nonplusultra bleiben die Ford-Coupés. Pragmatisch gepolte Automobil-Historiker sehen den Grund für die Markentreue im Überangebot von funktionsfähigen Ford-Motoren aus dem Schrotthandel. Doch so einfach liegen die Verhältnisse nicht, auch gute Chrysler- und Chevrolet-Achtzylinder sind bei

Formal gesehen ist dieser Street Rod ein Meisterwerk. Buick lieferte sein Century Coupé von 1937 bis 1949 nahezu unverändert aus. Im Vergleich zum Original verlängerte dieser Street-Rod-Enthusiast alle stilistisch prägnanten Teile wie die Motorhaube, die Kotflügel und die torpedoförmigen Scheinwerfer. Drei Jahre Arbeit stecken in diesem formschönen Coupé.

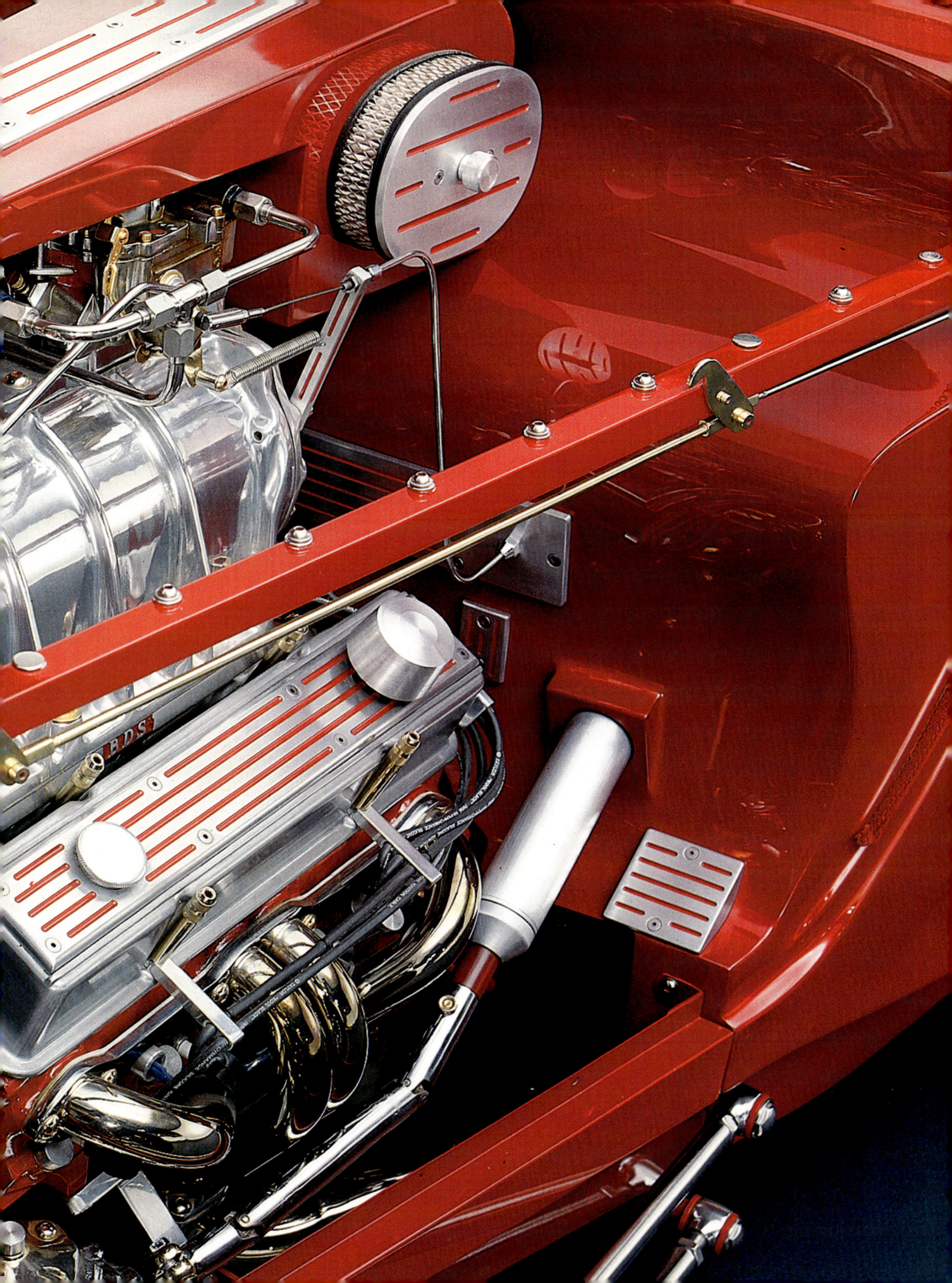

Einleitung

jedem Autoverwerter für wenig Geld zu erstehen. Aber Henry Ford stellt für die Rodder-Gemeinde eine Vaterfigur im besten Sinne dar. Mehr aus nostalgischen Gründen wird das inzwischen über 80 Jahre alte Ford T-Modell verehrt. Die meisten Vorbilder der Street-Rod-Szene aus der Nachkriegszeit sind eben Ford-Typen. So gilt der Ford Mercury mit seiner aggressiven Haifischschnauze heute als bester Street-Rod-Klassiker der 1950er-Jahre. Ein Chevrolet Bel Air mit ähnlich gut proportionierten Linien kann da nicht mithalten.

Fords größter Flop ist heute top

Auch der englische Ford E39 Popular, kurz Popy genannt, wird in europäischen und amerikanischen Street-Rod-Kreisen verehrt. Der heißeste Street-Rod-Favorit war Henry Fords größter Flop: der Ford Edsel aus dem Jahr 1957. Was für ein Auto. 250.000 Dollar wurden in die Absatzplanung gesteckt, damals ein Heidengeld. 300.000 Edsel sollten schon im ersten Jahr verkauft werden. Noch voluminösere 6,7 Liter V8-Motoren würden auch die letzten noch zögernden Interessenten in ihren Bann ziehen. Dachte man. Zwei Jahre später hatten gerade 100.000 Edsel das Fließband verlassen, dann kam das endgültige Aus. Es war die teuerste Fehlinvestition des amerikanischen Autogiganten. Der ungeliebte Edsel avancierte zum heutigen Kultauto: Street Rodding auf die sanfte Art, low and slow. Butterweiche Polster, Nylons und Strapse. Nur Marilyn Monroe fehlt zu diesem schönen Bild.

Seite 12: Unter der Motorhaube der straßentauglichen Hot Rods brummelt meist ein getunter amerikanischer V8-Motor mit tüchtig Leistung. Für die fachkundigen Preisrichter zählt allein die handwerklich blitzsaubere Montage der gesamten Antriebseinheit und nicht die Leistung, die hier 500 PS beträgt.

Fords größter Flop ist heute top

Bei der L&M Motorshow wurde dieser schon mehrfach ausgezeichnete Wagen erstmals in Europa gezeigt. Er fährt unter der Kategorie Custom Rod Convertible. Bei diesem toll gestylten Convertible besteht das Dach aus einer festen Einheit, die im Ganzen abgenommen werden kann. 1940 galt dies als besonders chic. Die Airbrush-Lackierung besteht aus 32 Farbschichten.

Hot Rods

Charakteristisch für den Ford Mercury von 1949 war der mächtige Kühlergrill, der einem Haifischmaul glich. Bei diesem kalifornischen Exemplar wurde ein rarer Ford Mercury Two-Door Wagon zum Street Rod umgebaut.

Schnelles Geld mit heißen Öfen

Vor 1950 entstand jeder Hot Rod vollständig im Eigenbau. Heute werden allein in Kalifornien etwa 300 verschiedene Ford A-, Ford B- und Ford T-Kunststoffbausätze offeriert. Für 4.500 Dollar sind Karosserie und Leiterrahmen im Speed Shop zu haben. Der Einstand ist preiswert, aber beim Zubehör langen die Händler richtig zu. Felgen, Spezialreifen, Tanks, Instrumente, Zuleitungen und die komplette Motorsteuerung werden umso teurer, je höher die Ansprüche sind. Einer der erfolgreichsten Speed-Shop-Lieferanten ist Tony R. Er möchte nicht genannt werden, aber jeder amerikanische Street Rodder kauft, ja muss in seiner Ladenkette einkaufen. Privat fliegt er einen Gulfstream Business Jet. Mit einem Umsatz von über einer halben Milliarde Dollar jährlich gehört Tony R. nicht zu den Armen im Lande. Tony lässt seine Street-Rod-Felgen in Südamerika bauen, seine verchromten Ventildeckel bezieht er aus Mexiko, aus Taiwan kommen die vergoldeten Embleme. Übers Jahr setzt er 50.000 seiner verchromten Kühlergrills um. Das ganz dicke Geschäft sind die Sidepipes. Die außen liegenden Auspuffrohre lässt er von zwei amerikanischen und zwei koreanischen Rohrbiegern fertigen. Fast jeder amerikanische Truck, Custom Car oder Rod ist damit bestückt. „It`s a multi million market" – man glaubt es ihm.

Nicht nur in Amerika ist die Herstellerhaftung ein heißes Eisen, auch europäische Hersteller bekamen Millionenklagen schmerzhaft zu spüren. Eine Versicherung kann diese Summen nur zum Teil abdecken, so trägt Tony mit seinem nicht immer TÜV-gerechten Zubehör das volle Herstellerrisiko. Nicht nur der Zeitgeschmack ändert sich beim Street-Rod-Zubehör fortlaufend, auch werden preisgekrönte Rods schamlos nachgebaut. Für den Eigenbedarf mag das angehen, für das Geschäft von Tony sind minderwertige Kopien Gift: „Schlechte Imitationen lassen sich nicht vermeiden, oft kommt das Plagiat aus der gleichen Fabrik." Schon deshalb können die amerikanischen Rodder in drei Gruppen eingeteilt werden: in Profis, Edelbastler und Amateure.

Die Profis entwerfen bis auf die letzte Schraube alles selbst. Diese Wagen sind Show-like, Ausstellungswa-

Wer in den USA bei Hot-Rod-Shows zu den Preisträgern zählen will, muss sich schon etwas Besonderes einfallen lassen. Dieser türkisfarbene Ford Mercury Convertible wurde im Mittelteil deutlich verlängert und mit zwei weiteren Türen versehen. Werkseitig gab es den Ford Mercury nur als zweitüriges Cabriolet. „Vier Jahre harter Arbeit und ein Sack voll Dollars stecken in diesem Einzelexemplar", erzählte uns sein stolzer Besitzer.

Schnelles Geld mit heißen Öfen

Ein Lieblingsobjekt vieler Street-Rod-Fans ist der Ford Mercury von 1949. Bei diesem preisgekrönten Street Rod wurde das schon im Original flache Wagendach noch mehr gestreckt und abgeflacht. Rodder bezeichnen diese Maßnahme als „Chopped Top".

gen mit dem Ziel einer werbewirksamen Prämierung. Die Edelbastler kaufen einen Bausatz und fertigen die optisch wichtigen Teile selbst an. Dazu gehören Kühlergrill, Motorverschönerungen, Antriebsachsen und der komplette Innenraum. Lampen, Instrumente und Kleinteile kaufen sie im Street Rod Shop oder per Katalog. Ein Jahr Arbeitszeit und 25.000 Dollar gelten als normale Investition für einen ansehnlichen Street Rod. Mancher Street Rod wurde aus Altteilen vom Schrotthändler schon mit 5.000 Dollar Eigenkapital in vier Wochen zusammengebaut. In den großen Street Rod Clubs werden diese Schnellschuss-Kreationen als Outlaws, Außenseiter oder Gesetzlose, bezeichnet. Sie sind ein Dorn im Auge eines jeden echten Street-Rod-Fans. Der Trend geht heute eindeutig zu immer aufwändigeren Kreationen. Gold und Silber sind rückläufig, gefragt ist derzeit die glatte, schöne Karosserieform mit einer exquisiten Lackierung.

Seite 18: Mit seinen schrägen Scheinwerfern brachte Ford 1937 ein neues Design auf den Markt, das sich deutlich von den bislang runden Scheinwerfern der Konkurrenz unterschied. Mit ein Grund, weshalb die amerikanische Hot-Rodder-Szene diesen Ford Typ 60 besonders mag. Die raffinierte Lackierung strahlt besonders schön unter der kalifornischen Sonne.

Showtime

Es ist eine Show der Superlative. Der Gewinner erhält bis zu 100.000 Dollar Preisgeld für sein edles Stück Metall. Damit eine gerechte Bewertung gewährleistet ist, sorgt das strenge Reglement der ISCA (International Show Car Association) in Auburn Hills/Indiana seit über 40 Jahren für Ordnung auf dem Asphalt und der Showbühne. Auf den ersten Blick erscheint das Reglement als verwirrendes Regelwerk. Doch nach ihm richten sich auch die europäischen Veranstalter in den wichtigsten Punkten. 42 hochkarätig besetzte ISCA-Shows werden in 27 nordamerikanischen Staaten jährlich veranstaltet. Im Jahr 2007 wurden über 40.000 Street Rods gezeigt, einer schöner als der andere. Und es lohnt sich auch, denn zu den üppigen Preisgeldern gibt es noch Dreingaben von Sponsoren, die oft den gleichen Wert wie das Preisgeld haben. Damit Äpfel nicht mit Birnen verglichen werden, schreiben die Veranstalter eine strikte Einteilung nach Wagenkategorien vor.

In der mengenmäßig dominierenden Rod-Klasse sollte die Karosserie auf einem Original bis zum Baujahr

... der andere versteckt seinen Motor unter fantasievollen Verkleidungen.

Die Geschmäcker sind verschieden. Der eine liebt seinen Motorraum voller Chrom ...

Schreck lass nach ... – Die amerikanischen Fans sind für makabre Gags immer zu haben.

Mitten im Krieg brachte Willy seine robusten Coupés für 495 Dollar an den Mann, drei Jahre Garantie gab's obendrein. Heute sind echte Willys gesuchte Raritäten. An fast original nachgebauten Replikas ist in den USA kein Mangel. Dieser noch straßentaugliche Willy startet gerade bei einem Fun-Wettbewerb für Nostalgie-Racer.

1948 basieren. 75 Prozent der Seitenlänge muss dem Original noch entsprechen. Diese Rod-Klasse wird derzeit in 28 verschiedene Unterklassen unterteilt, die von Street Coupés mit Straßenzulassung bis zu Radical Rods reichen. Beim Radical Rod ist das Original noch im Ansatz zu erkennen, beim Show Rod werden keinerlei Beschränkungen auferlegt, er ist ein reines Fantasieprodukt für Shows. Grundsätzlich müssen alle Rods fahrfähig sein. Die Jury kann den Wagen vorfahren lassen, aber Höchstgeschwindigkeit und PS-Leistung sind völlig nebensächlich. Allein die Idee des Designs und die handwerkliche Ausführung werden bewertet.

Die Preisrichter kennen kein Pardon

In den Custom-Rod-Klassen liegt der Schwerpunkt auf möglichst vielen Änderungen gegenüber dem Original. Umgeformte Scheinwerfer, ein neugestalteter Kühlergrill, eine tieferliegende Tür, ein geänderter Schalthebel werden mit jeweils einer gewissen Punktzahl bewertet. Das Original muss aus den Jahren zwischen 1935 und 1948 stammen. Der

Wagenbesitzer stellt die Liste seiner Änderungen zusammen und reicht sie der ISCA-Show-Organisation ein. Bei der Ausstellung werden diese Angaben von jeweils vier Experten überprüft. In der Regel dauert diese Prozedur der Vorauswahl aller Fahrzeuge drei bis vier Tage. In den Custom-Klassen entfällt die Bezeichnung Rod, weil hier nur Wagen von 1949 bis 1954 gewertet werden. Insgesamt 27 verschiedene Custom-Klassen werden bewertet. Nicht zuletzt gibt es acht Sport-Car-Klassen, 18 Truck-Klassen und 16 Van-Klassen für geschlossene Lieferwagen, die in den USA besonders populär sind. Fast jedes Jahr kreieren die Veranstalter neue Klassen, denn jeder Teilnehmer bezahlt eine Aufnahmegebühr und den Jahresbeitrag für die ISCA. Seit einigen Jahren werden auch echte Oldtimer bei den ISCA-Shows prämiert. Diese fallen unter den Begriff Restored Cars. Die Aufnahmefähigkeit von Publikum und Preisrichtern ist begrenzt. Deshalb nimmt die ISCA eine Vorauswahl in allen derzeit 350 (!) Wagenklassen und 13 Motorradklassen vor. Den Gewinnern winken neben hohen Geldpreisen die Teilnahme an TV-Shows und eine Unzahl von Werbeaktionen der Sponsoren. Die erfolgreichsten Edelbastler brauchen sich um ihre berufliche Zukunft keine Sorgen zu machen, denn solange sie kreativ sind, blüht das Geschäft mit den „heißen Kisten".

Die internationale Szene der Hot Rodder führt ein sehr aktives Eigenleben, nicht nur in Amerika. Man trifft sich auch in Europa unter Gleichgesinnten bei US-Car-Shows, bei bedeutenden Dragster-Rennen oder bei Ausfahrten, just for fun. Selbst auf Kuba spürt man einen Hauch davon, wie das Foto bei einem Treffen in Bajamo zeigt.

Auch im fernen Schweden steht man auf Ami-Schlitten, Hot Rods und Dragster-Rennen.

Dicke Straßenkreuzer mit Hot-Rod-Elementen werden in Schweden liebevoll gepflegt. Dieser schwarze Plymouth Belvedere wurde 1957 mit dem Slogan „Suddenly it's 1960" („Plötzlich ist es 1960") für 2.777 Dollar ins Land der Elche verkauft.

Kunst aus der Lackpistole

Der Wert eines Custom Cars steht und fällt mit seiner fantasievollen Lackierung. Für die richtige Qualität sorgt die in Japan perfektionierte Airbrush-Lackiertechnik. Mittels der haarfein einstellbaren Düse entstehen wahre Kunstwerke oder schmerzhafter Kitsch. Gründliche Ausbildung, viel Geduld und starke Arme sind Voraussetzung, denn schleifen, schleifen und nochmals schleifen ist Airbrushers erstes Gebot. Und so gehen die Profis vor: Zu Beginn wird das glatte Blech von alten Farbschichten restlos befreit. Dann folgt die erste Grundierung mit einem rostschützenden Zweikomponentenlack. Danach leichter Anschliff, weitere drei Füllschichten werden aufgespritzt. Start zur ersten großen Schleiferei: 600er-Nassschleifpapier, verfeinert durch einen Tropfen Spülmittel und sehr viel Wasser, ergibt nach vielen Stunden eine vorzeigbare Grundierung.

Seite 24: Für einen schönen Hot Rod lässt sich selbst der deutsche TÜV begeistern. Die Basis bildet ein 1933er Ford Serie 40, der damals mit dem ersten V8-Motor von Ford bestellt werden konnte. Statt mit 65 PS wie beim Original brummt hier ein 350 PS starker, aufgeladener Achtzylinder unter der Motorhaube.

Profis tragen nun eine hauchdünne schwarze Lackschicht auf, damit die winzigsten Unebenheiten sichtbar werden. Drei weitere feine schwarze Lackschichten dienen als Kontrolle. Diese sogenannte Fondlackierung entscheidet über die nächsten Arbeiten, denn nur eine perfekte Fondlackierung erlaubt die eigentliche Airbrush-Technik. Die Konturen des Airbrush-Gemäldes werden mit dünnen Klebestreifen eingefasst. Damit später die helleren Farbtöne plastisch hervortreten, wird in mehreren Schichten Perlmuttweiß aufgespritzt, also noch eine Grundierung für das kommende Airbrush-Motiv.

Bevor der Meister nun zur „Knarre" – zur feinen Spritzpistole – greift, wird die Perlmuttlackierung entfettet und mit ein bis zwei Schichten Klarlack geschützt. Jetzt kommt endlich die Airbrush-Pistole zum Einsatz. Die Lasurfarben sind stark verdünnt, damit der Farbaufbau langsam wächst. Zwischentöne lassen sich so besser aufarbeiten. „30 Schichten Lack, das ist für eine Spitzenlackierung völlig normal", meint unser Informant. Ist das Kunstwerk fertig, beginnt die Klarlackbehandlung. Acht bis zehn Schichten Acryl-

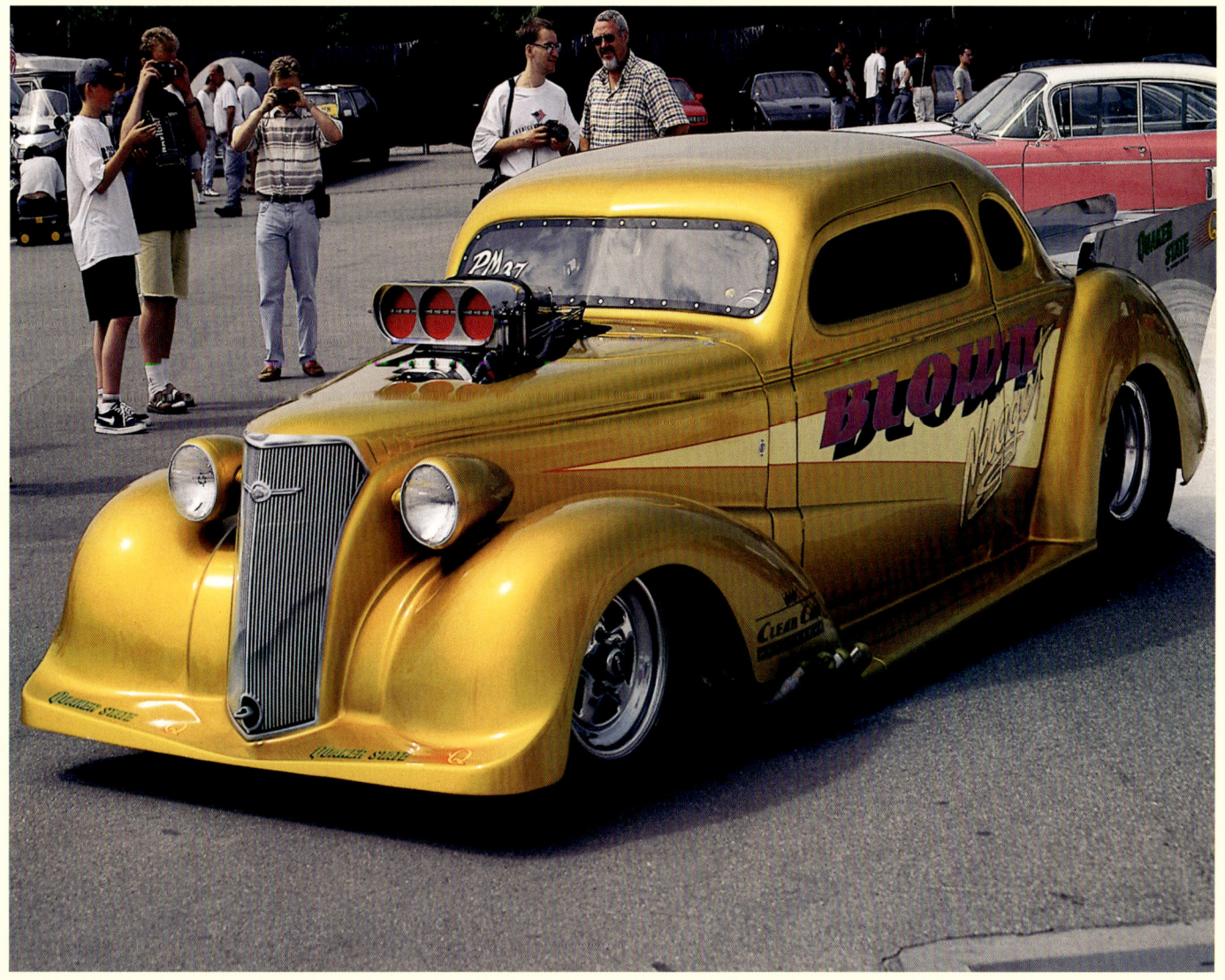

„Blown Nugget" ist einer der schönsten Hot Rods außerhalb der USA. Entstanden ist er in der Schweiz, wo es eine sehr engagierte US-Car-Szene gibt.

lack sind nötig. Eine Woche später wird nach guter Aushärtung mit 600er-Schleifpapier nachgeschliffen. Nun folgen drei weitere Klarlackschichten. Für Amateure ist damit die Lackierung beendet. Profis legen nach einer etwa achtwöchigen Trockenperiode eine neue Schicht Polyuretan-Klarlack auf und schleifen nochmals mit 1.200er-Schleifpapier in Längsrichtung nass über. In der gleichen Bewegungsrichtung wird anschließend mit einem fast schleifmittelfreien Poliermittel nachpoliert. Dadurch werden auch die feinsten Lack- und Staubpartikel eliminiert. Mindestens sechsmal wird somit die Karosserie mit Nassschleifpapier abgeschliffen. Profis setzen 15 Schleifgänge an. Neben der reinen Knochenarbeit entwerfen Airbrusher der Spitzenklasse sogar ihre eigenen Farben: Denn das, was aus der Dose kommt, ist für den wahren Künstler bestenfalls die Grundlage für sein meistgehütetes Geheimnis.

Für viele Mexikaner sind die amerikanischen Street Rods der Inbegriff von Wohlstand und Lebensfreude. Entsprechend opulent statten sie ihre Rods mit viel Plüsch aus.

Asphalt-Cowboys

Die echten Street Rodder zieht es am Wochenende in die freie Natur, genauer gesagt zu einem Meeting unter Gleichgesinnten. Hier wird um die Wette geschraubt, mit Teilen gehandelt oder gefachsimpelt. Da in den USA die Spritpreise immer noch akzeptabel sind, nehmen die meisten Street Rodder eine 500 Kilometer lange Fahrt zum nächsten Clubtreffen locker in Kauf. Der Höhepunkt der Saison ist eine Fernfahrt mit dem selbstgebauten Rod. Einmal im Jahr veranstaltet deshalb das Fachjournal „Hot Rod Magazin" eine Tour quer durch Amerika, die von unzähligen Street Rods begleitet wird. Hier geht es nicht um Schnelligkeit, sondern um das Cruising, was so viel bedeutet wie ein stressfreies Dahinrollen auf einer landschaftlich reizvollen Landstraße. Klassisches Beispiel hierfür ist die Route 66 von Chicago im Osten der USA bis an die Westküste

Ein typischer Szene-Treff bei den mexikanischen Fans. Am Wochenende wird gefeiert und gefachsimpelt. Zwischen echten Oldtimern, Replikas und Street Rods wird im autoverrückten Mexiko, ganz im Gegensatz zu Deutschland, keine spürbare Grenze gezogen. Hauptsache, die Karre macht was her.

nach Monterey/Kalifornien: ein bleibendes Erlebnis für jeden, der daran teilnehmen konnte.

Dennoch schwebt eine dicke Gewitterwolke über der gesamten Street-Rod-Szene: radikal verschärfte Zulassungsbestimmungen. Letztlich geht es immer um die Frage, wie lange der Gesetzgeber selbstgebaute Autos und Motorräder noch toleriert. In Deutschland darf zum Beispiel kein Street Rod ohne Kotflügel unterwegs sein, auch nicht mit einer roten Zulassungsplakette. In den USA entscheidet jeder Bundesstaat über seine eigenen Gesetze, auch bei der Zulassung. Entsprechend unterschiedlich fallen die Bestimmungen aus.

Bislang galten in den meisten Staaten Nordamerikas selbstgebaute Fahrzeuge als Einzelexemplare, die vor den gefürchteten Sicherheitstests verschont blieben. Vier Bremsen, Lichter vorne und hinten sind generell Vorschrift, aber selbst Richtungsanzeiger findet man bei den meisten klassischen Street Rods nur ganz selten. Bislang interessieren sich nur wenige amerikanische Staaten dafür, wie es unter der selbstgebauten Motorhaube aussieht. An sich darf in den USA kein

Die passende Dame für den passenden Hot Rod: Diese Kombination ist bei den mexikanischen Fans heiß begehrt.

neues Auto ohne Katalysator verkauft werden. Aber welcher Street oder Hot Rod verfügt schon über einen Katalysator? Es gewittert schon vernehmlich aus den Amtsstuben. Vielleicht hilft ja Beten. Gutgläubige Rodder versammeln sich deshalb bei den großen Festivals zu einem gemeinsamen Bittgottesdienst: „Möge der liebe Senat uns noch ein paar Jahre in Ruhe lassen." Bislang wurden diese frommen Wünsche in den meisten amerikanischen Staaten erhört. Was die Zukunft bringen wird, bleibt abzuwarten.

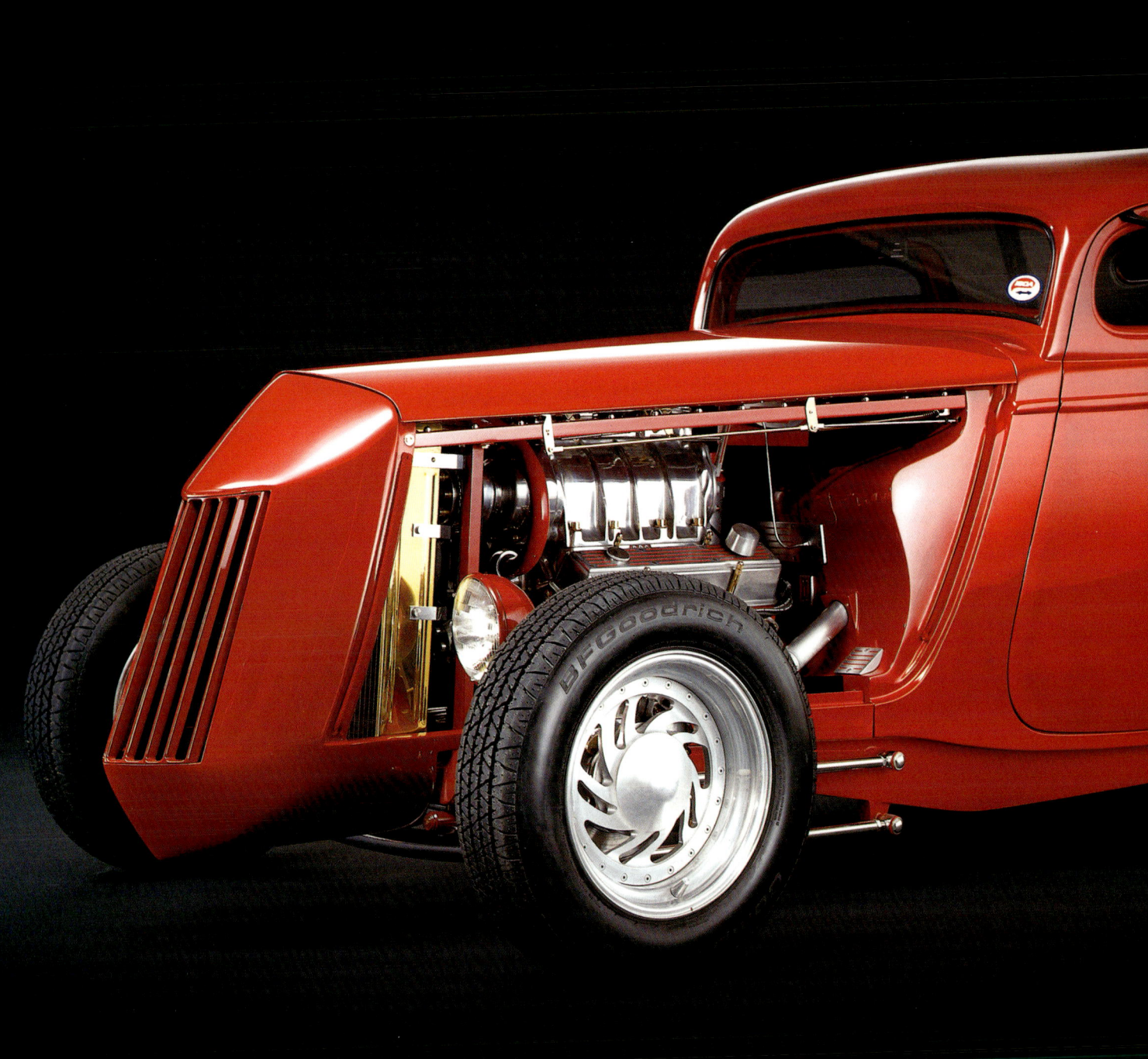

Asphalt-Cowboys

Ein weiteres Ford Three-Window Coupé, das sich vom roten Exemplar deutlich unterscheidet. 75 Prozent der Außenmaße müssen dem Original von 1934 entsprechen, so schreibt es das Reglement vor. Auf der Oberseite des V8-Motors erkennt man den verchromten Kompressor, der für 450 Pferdestärken sorgt.

Nach wie vor ist das Ford Three-Window Coupé von 1934 der Maßstab für einen perfekten Hot Rod der Spitzenklasse. Bei der L&M Motorshow wurde dieses amerikanische Prachtexemplar erstmals in Deutschland gezeigt. Die handgefertigte Karosserie besteht aus Aluminium. Eingebaut ist ein kompressoraufgeladener, 7.600 ccm großer V8-Motor mit 480 PS. Erste Preise bekam er in der Kategorie Radical Altered Street Rod.

Cruising statt rasen. Ein großer Teil der amerikanischen Rodder lässt es ganz gemütlich angehen, wenn das Szene-Journal „Hot Rod Magazin" eine neue Fernfahrt quer durch die USA ausschreibt. Das Foto wurde bei Las Vegas aufgenommen und zeigt einen dezent veränderten Chevrolet Fleetline Aero von 1947.

Stark im Trend ist die Rückkehr zu den klassischen Hot Rods der 1940er-Jahre. Kein Firlefanz, dafür alltagstaugliche Technik. Null Komfort, die Mechanik oft spartanisch verpackt mit Stilelementen der 1940er-Jahre wie dem prägnanten Karomuster auf der Motorhaube. Aufgebaut ist dieser Hot Rod auf dem zweisitzigen Ford Cabrio Typ 40 von 1933, dem ersten Ford Cabrio mit V8-Motor.

Qualität zum Anfassen. Dieser attraktive Chevrolet Wagon von 1947 wurde in Deutschland komplett restauriert und mit Stilelementen der amerikanischen Hot-Rodder-Szene verschönt. Bei amerikanischen Shows startet er in der Rod-Kategorie „Street Delivery", also in der Lieferwagen-Klasse. Für uns ist er ein perfekter Van zum genussvollen Cruising übers Land.

Chinesisch für Anfänger

Ohne die richtigen Fachausdrücke fehlen der Menschheit die Worte. In der Kunst, dem Finanzwesen, der Juristerei oder auch im Sport. Autofans lieben ihr Fachchinesisch. Wer es versteht, ist willkommen. Hier sind die wichtigsten Begriffe, die international in der Rodder- und Tuning-Szene verstanden werden.

Hot Rod

Mehr oder minder stark getunter Wagen, dessen Ursprünge auf die 1920er- und 30er-Jahre zurückgehen. Hot Rod bedeutet im Fachjargon „Heißer Pleuel".

Street Rods

Straßentaugliche, selbstgebaute Autos, die für den Straßenverkehr zugelassen sind.

Competition Vehicle

Selbstgebautes Auto oder Motorrad, das primär für Wettbewerbe entworfen wurde. Viele Street Rods werden für Dragster-Rennen zu Competition Rods umgebaut.

Top Chop

Karosseriedächer werden in der Höhe verkürzt. Dadurch wird die Fensterfläche dramatisch verkleinert, ein typisches Rod-Stilelement. Ein „Chopped Top" ist ein verkürztes Dach, ein „Top Roof" eine verkürzte Karosserie.

Fender Skirts
Aufgesetzte Karosserieblenden, Kotflügelveränderungen, Heckflügel nennt man „Fender Skirts".

Sectioning
Die Seitenflächen der Karosserie werden auseinandergeschnitten und verkürzt wieder zusammengeschweißt.

Channelling
Die ganze Karosserie wird so weit wie möglich abgesenkt. Die Bodenfreiheit beträgt nur noch wenige Zentimeter. Extremstes Beispiel hierfür sind die „Lowrider".

Highrider
Das Gegenstück zum Lowrider ist der Highrider. Mittels speziellen Stoßdämpfern und Achsen sowie einer Hydraulik-Einrichtung wird das Chassis hochgestellt. Unter „Highboy" oder „Hi-Boy" werden hochgesetzte Street Rods verstanden.

High-Jacker
Elektronisch gesteuerter Kompressor mit Lufttank. Mit den dazugehörigen Druckluft-Stoßdämpfern kann der Wagen auch beim Fahren abgesenkt oder hochgesetzt werden. Extremes Beispiel: von 16 cm auf 90 cm Bodenfreiheit.

Der Geschmack ändert sich in der Rodder-Szene fortlaufend. Alle paar Jahre sind neue Stilrichtungen richtungsweisend oder erweisen sich als Flop. So erhielt dieser etwas gewöhnungsbedürftig gestylte Lowrider Top-Prämierungen bei kalifornischen Shows. Im eher konservativen Detroit reichte es nur zu mittleren Platzierungen.

Frenching
Zusätzliche Lampen, Antennen, veränderte Zulassungsplaketten etc. werden als „Frenching" bezeichnet.

Blown Engine
Ein mittels Kompressor oder Turbolader aufgeladener Motor heißt „Blown Engine". Offene, möglichst voluminöse Vergaser sind ein wichtiges Stilelement für Rodder-Fans.

Slot Mags
Mags sind Felgen. Man unterscheidet zwischen „Wire Mags", den nostalgischen Speichenräder-Felgen, „Dish Mags", den planpolierten Felgen, und den „Slot Mags", Felgen mit individuellen Stilelementen. Aluminium-Felgen gelten bei den Roddern als Stilbruch, nur verchromte Felgen werden akzeptiert.

Scoop
Aufgesetzte oder integrierte Einlasshutze für meist aufgeladene Motoren.

Cal-Look
Die Wagenfront schleift fast auf dem Boden.

Pick-up-Nostalgie. Allein in 28 verschiedenen Pick-up-Klassen werden die Preisträger ermittelt. Dieser hübsche, deutlich tiefergelegte Ford F100 ist in der Hot-Rod-Gemeinde hoch angesehen, weil er eine freundliche Ausstrahlung hat und obendrein noch ein praktischer Transporter fürs Geschäft ist.

Chinesisch für Anfänger

Hot Rods

Hier sind die echten Schrauber am Werk. Nirgendwo sonst auf der Welt können sich alle geschwindigkeitsverrückten Hobby-Rennfahrer so ausleben wie bei der Bonneville Speedweek. Scharfe Hot Rods sorgen für das größte Starterfeld.

Die Bonneville Speedweek

Einmal im Jahr platzt das kleine Städtchen Wendover am Großen Salzsee im Norden Utahs aus allen Nähten. Etwa 25.000 Rennfans wollen Ende August dabei sein, wenn Daddy, Freund oder Freundin mit 250 oder auch 500 km/h über die frisch präparierte Salzpiste brettern. Bei dieser „Annual Bonneville Speedweek" geht es nicht um den absoluten Geschwindigkeitsweltrekord, sondern um nationale und internationale Rekorde in weit über 100 Motorrad- und Wagenklassen. Am Start sind neben vielen astreinen Amateuren und Edelbastlern mittelständische Unternehmen, die Profi-Rennfahrer ans Steuer ihrer oft sündhaft teuren Rekordwagen setzen. Die Spanne reicht vom innovativen Elektromotorrad mit Ionen-Batterien, das bislang nur wenig an der 300 km/h-Marke vorbeihuschte, über knapp 400 km/h schnelle Hot Rods bis hin zum ultraflachen Streamliner, der mit fast 600 km/h auf der ziemlich holprigen Salzpiste unterwegs ist. Wo sonst auf der Welt können sich geschwindigkeitsverrückte Menschen so ausleben wie bei der Bonneville Speedweek? Nirgendwo sonst, denn andere ausgetrocknete Salzseen sind in Amerika entweder zu kurz für höhere Geschwindigkeiten oder sie stehen unter Naturschutz.

Auch die Bonneville Speedweek stand schon mehrfach auf der Kippe, aber letztlich sorgt der Veranstalter nach der letzten Rekordfahrt innerhalb weniger Stunden für

Geschwindigkeitsrekorde werden immer über die fliegende Meile oder den fliegenden Kilometer gezeitet. Die Beschleunigungsstrecke auf dem Salzsee von Bonneville beträgt je nach Klasse zwischen vier und 14 Kilometern. Wegen der langen Getriebeabstufung werden alle Rekord-Aspiranten von einem Begleitfahrzeug bis auf etwa 80 km/h angeschoben.

Warten auf das Startsignal. Geradeausfahren mit über 450 km/h ist weitaus schwieriger, als Laien vermuten. Der geringste Fahrfehler kann schlimme Folgen haben: Denn sobald der Wagen die gespurte, relativ glatt gehobelte Fahrbahn verlässt, begibt man sich auf einen welligen Salzbelag, der härteste Schläge auf das Fahrwerk austeilt.

einen absolut sauberen Zustand des ganzen Areals. Umweltsünder werden mit drakonischen Strafen belegt. Eine weggeworfene Kippe kann 750 Dollar kosten, cash und ohne Diskussion. Wer nicht spurt, kommt in den Knast. Wer die Umwelt verschmutzt, begeht in einem geschützten Gebiet wie dem Salzsee von Bonneville eine strafbare Handlung, die viel strenger geahndet wird als in Europa. Alkohol ist bei amerikanischen Rennveranstaltungen ohnehin generell tabu.

Strenge Sitten auf dem Salz

Damit alles seine Ordnung hat, wird die ganze Veranstaltung von der „National Hot Rod Association" (NHRA) überwacht. Die NHRA ist die größte Motorsport-Organisation der Welt. Für die Zeitnahme ist die Southern California Timing Association verantwortlich, die im Auftrag der NHRA arbeitet. Fast jedes Jahr wird die ellenlange Starterliste mit neuen Klassen bestückt, die für einigen Wirbel sorgen. So wurden in den vergangenen Jahren die „Three Wheelers" und „Super-Trucks" mit 2.500 PS starken Dieselmotoren aufgenommen. Three Wheelers sind Dreiräder mit einem Rad vorne oder hinten, die auf dem Bauch liegend gefahren werden – mit 378 km/h Spitzengeschwindigkeit eine strapaziöse Angelegenheit. Die über 280 km/h schnellen Elektromobile sind auf dem Salzsee groß im Kommen, denn auch in den USA werden die fossilen Treibstoffe immer teurer. Kreative Automobil-Designer und die Batteriehersteller schmücken sich gern mit neuen Rekorden. So gesehen bietet die Speedweek eine Fülle von technischen Innovationen jeder Art, die auf dem Salz ihre tatsächliche Leistungsfähigkeit beweisen müssen. Den größten Teil des Starterfeldes bilden die bis an die Schmerzgrenze hoch frisierten Hot Rods, Pick-ups und Streamliner. Hier wird um Sekundenbruchteile gekämpft, denn mehr als zehn Läufe pro Mann und Frau sind in Anbetracht des riesigen Starterfelds aus Zeitgründen nicht möglich. Lohnt sich die Teilnahme für die Fahrer tatsächlich? Bobby S., ein angesehener Investment-Banker an der Wall Street, lebt jedes Jahr seinen eigenen Traum: „Für mich ist die Speedweek der absolute Kick. Ich fuhr letztes Jahr mit meinem selbstgebauten Roadster schneller als jeder andere auf der Welt. Wer kann von sich schon behaupten, etwas Einmaliges geleistet zu haben? Man nahm mich in den 200 MPH Club auf (200 miles per hour club, das sind etwa 321,8 km/h). Darauf bin ich mächtig stolz, und nächstes Jahr bin ich mit einer noch besseren Zeit wieder dabei." Der Mann hat Benzin im Blut. Für ihn und seine Freunde ist die Bonneville Speedweek das Mekka der Rekorde.

Hot Rods

Das größte Risiko liegt eindeutig bei Reifenschäden. Bei Geschwindigkeiten von mehr als 400 km/h zerfetzt es die Lauffläche innerhalb einer Sekunde. Dann hilft nur noch der Griff zum Bremsschirm, der den Wagen stabilisieren kann.

Seite 40: Das berühmte Ford Three-Window Coupé in Bestform. In der Fuel-Coupé-Kategorie muss die grundsätzliche Lage von Motor, Getriebe und Karosserie erhalten bleiben, aber das Dach darf tiefergesetzt und verkleinert werden. Dadurch verringert sich der Luftwiderstand deutlich. Unter der Motorhaube arbeitet ein 570 PS starker V8-Motor.
Spitze: 394 km/h.

Die Bonneville Speedweek

Noch einmal gut gegangen. Dieser Streamliner rutschte mit über 300 km/h nach einem Reifenschaden über die Salzpiste – zeitweise auf dem Dach liegend, wie die Schürfspuren zeigen.

Hot Rods

Echte Nostalgie-Racer treffen bei der Speedweek aufeinander. Oldies but Goodies ist die Devise. Dieser gut fünfzig Jahre alte einstige Stock Car Racer wurde von seinem Besitzer unzählige Male auseinandergeschraubt und verbessert. Das Ziel: ein neuer Klassenrekord mit 398 km/h.

Seite 44: Die schnellsten Hot Rods starten in der Modified-Roadster-Kategorie. Der Rekord liegt bei 452 km/h. Das Reglement schreibt zwei Starrachsen wie im Original von 1928 vor. Angetrieben wird dieser bullige Roadster von einem 760 PS starken V8-Motor mit Kompressor.

Die Bonneville Speedweek

Absolute Publikumslieblinge sind die Lakester Streamliner. In dieser Open-Wheel-Klasse werden ausgediente Zusatztanks von P-28-Bomber-Flugzeugen aus dem Vietnamkrieg als strömungsgünstige Karosserie verwendet. Der Fahrer liegt meist auf dem Bauch oder in einer extrem flachen Rückenlage. Bei annähernd 480 km/h eine harte Prüfung für Mensch und Maschine.

Hot Rods

Stromlinienform selbstgestrickt. Dieser stark verlängerte Wagen fährt in der Competition-Coupé-Kategorie. Eine verkleinerte Stirnfläche reduziert den fahrthemmenden Luftwiderstand, das hohe Wagendach fiel der Blechschere zum Opfer. Im Hintergrund wartet eine futuristisch gestylte „Zigarre" auf ihren nächsten Einsatz.

Seite 48: Erfolgsrezept aller reinrassigen Hot Rodder bei der Bonneville Speedweek: viel Motor, wenig Karosserie. Hier wird der 8.200 ccm große Achtzylinder von zwei dicken Turboladern unterstützt – genug Leistung für 760 PS und einen Klassenrekord von 422 km/h. Nach jedem Lauf wird der Motor gründlich überprüft.

Die Bonneville Speedweek

Bei feuchter Witterung sind neue Rekorde auf dem ausgetrockneten Salzsee reine Illusion, denn der Rollwiderstand erhöht sich spürbar auf dem nassen Salz. Firestone und andere, meist kleinere Reifenhersteller bieten spezielle Rennreifen für Rekordfahrten an, die je nach Typ für bis zu 700 km/h zugelassen sind.

Hot Rods

Offen für neue Innovationen. Fast jedes Jahr kommt bei der Bonneville Speedweek eine neue Wagenklasse hinzu. „Batterie Box" ist mit 284 km/h der bislang schnellste Elektrowagen. Schon bald sollen mit neuen Ionen-Batterien 350 km/h möglich sein.

Die Grenze zwischen reinen Amateuren und professionellen Rennfahrern ist fließend. Dieses perfekt modellierte Geschoss startet in der höchsten Klasse der Bonneville Speedweek, den Streamlinern. Knapp 600 km/h wurden damit schon erreicht. Eingebaut ist ein Chrysler Hemi 426 Motor.

Hot Rods

Die Bonneville Speedweek

Hot Rods

Die großen amerikanischen Autohersteller engagieren sich bei den Rekordfahrten auf dem Salzsee nicht direkt mit einem Werkseinsatz. Dafür werden chancenträchtige semiprofessionelle Rennteams mit Know-how und Material unterstützt. Das Foto zeigt einen werksunterstützten Streamliner von Ford-Lincoln nach dem Zieldurchgang.

Seite 54: Eine unglaubliche Vielfalt der unterschiedlichsten Wagen- und Motorrad-Typen bietet die Bonneville Speedweek. Unter diesem voll verkleideten Streamliner steckt ein 3.000 PS starker Dragster, der einst für Beschleunigungsrennen über die Viertelmeile gebaut wurde. Auf dem Salzsee kam er auf 563 km/h.

Die Bonneville Speedweek

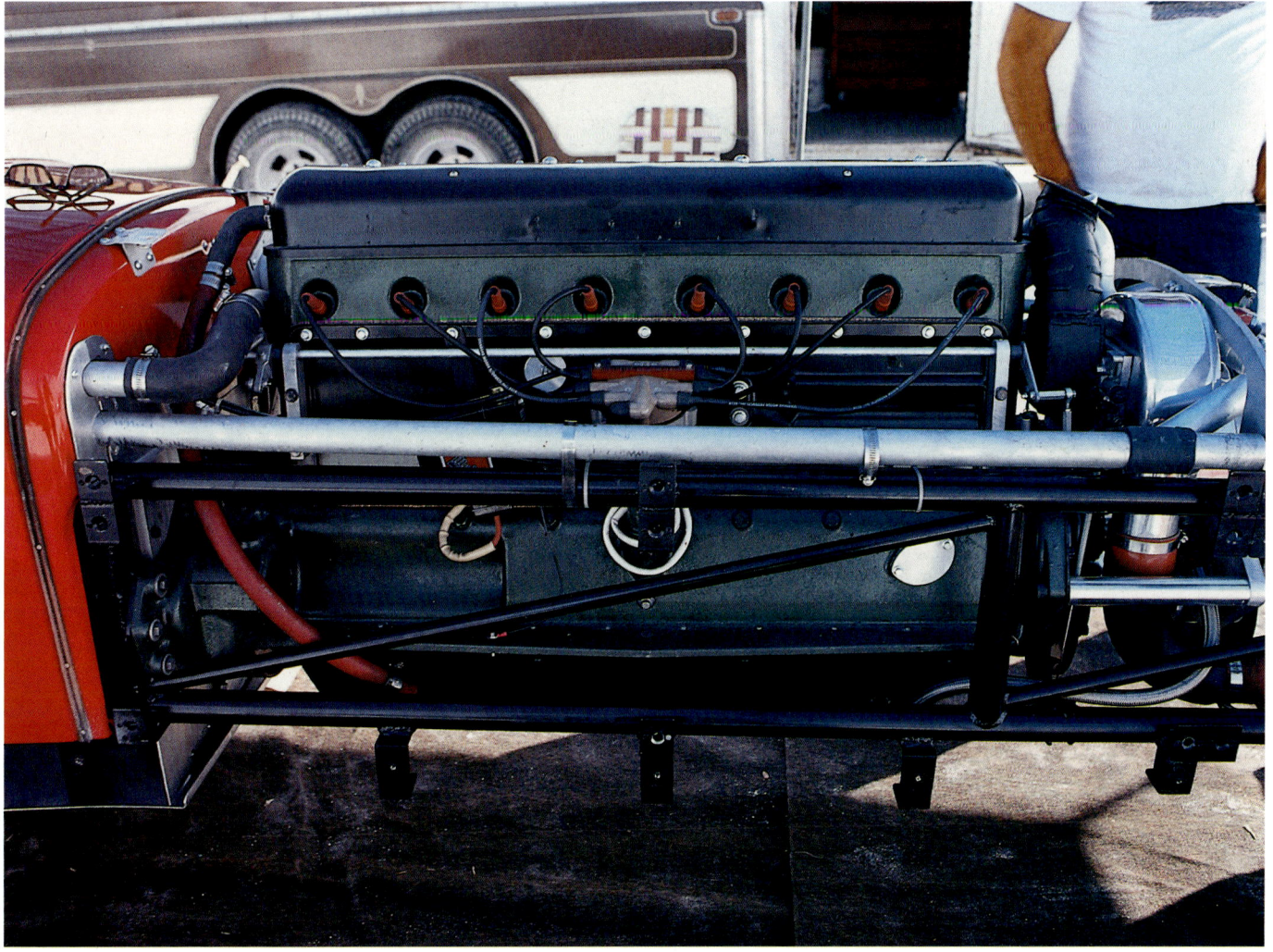

Auch eine neue Oldtimer-Klasse wurde propagiert. Dieser schöne Achtzylinder-Reihenmotor von Nash entstand 1937. Jetzt treibt er einen nostalgischen Streamliner an.

Seite 58: Für die meisten Zuschauer der Bonneville Speedweek sind die Brüder Vesco die wahren Helden der Rennpiste. Kein Jahr vergeht, ohne dass sie einen neuen Rennwagen vorführen, der noch schneller ist als sein Vorgänger. Don Vesco war jahrzehntelang der absolute Rekordhalter bei den Motorrädern, und sein Bruder Ron hält einige Automobilrekorde. Dieser aufregend gestylte Streamliner soll schon bald den absoluten Weltrekord für radangetriebene Rekordwagen brechen, der bei 654,8 km/h steht.

Weltrekorde

Schneller zu sein als die Konkurrenz, das treibt die Autoindustrie und kühne Rennfahrer schon immer zu neuen Höchstleistungen an. 1926 fuhr dieser bullige Renault-Sechszylinder einen auch heute noch beachtlichen 24-Stunden-Weltrekord mit 173 km/h Durchschnitts-Geschwindigkeit.

Auf der Jagd nach dem absoluten Rekord

Schneller zu sein als jeder andere, dies treibt die Menschheit schon immer an – sei es auf dem Land, auf dem Wasser oder in der Luft. Seit der Erfindung des Automobils dauert die Jagd nach dem absoluten Geschwindigkeitsrekord auf dem Land unvermindert an. Das Ziel war und ist nicht nur ein neuer Rekord, sondern eine Bestzeit, die um 100 km/h höher sein sollte als die bisherige Bestzeit. 1899 durchbrach der Belgier Camille Jenatzy am Strand von Archères/Frankreich als Erster die damals magische 100-km/h-Marke mit 105,86 km/h. Jenatzy steuerte einen Elektrowagen. Zur damaligen Zeit galten Elektro- und Dampfwagen als ideale Rekordwagen. Erst zehn Jahre später raste der Franzose Victor Héméry mit 202,65 km/h über die Ziellinie der neu erbauten Brookland-Rennstrecke in England. Nach dieser aufsehenerregenden Rekordfahrt mit dem deutschen Benz-Rennwagen mit Benzinmotor vergingen 18 lange Jahre und unzählige fehlgeschlagene Versuche, bis der Engländer Henry Segrave am Strand von Daytona Beach/Florida mit seinem Sunbeam-Rekordwagen die 300-km/h-Marke knackte. Nun lag der Rekord bei 327,90 km/h. Drei Jahre später fuhr Segraves härtester Konkurrent und Landsmann Sir Malcolm Campbell mit seinem Bluebird 1 mit 408,64 km/h schneller als 400 km/h. In den folgenden drei Jahren verbesserte Campbell auf dem relativ harten Strand von Daytona Beach/Florida den absoluten Rekord für Landfahrzeuge auf 445,48 km/h. In diesem Zeitraum starben fünf weitere Rekordfahrer auf der tückischen Piste, die nur oberflächlich betrachtet einen soliden Untergrund für die mitunter vier Tonnen schweren Rekordwagen bot.

Salz statt Sand

Captain George Eyston suchte und fand eine weitaus geeignetere Rekordstrecke auf dem teilweise ausgetrockneten Großen Salzsee in Utah, besser bekannt als Bonneville Salt Flats. Eyston durchbrach im November 1937 mit 502,01 km/h erstmals die 500-km/h-Marke. Sein Thunderbolt-Rekordwagen wurde von zwei Rolls-Royce-Flugzeugmotoren mit über 2.400 PS angetrieben. Erst zehn Jahre später konnte sich John Cobb mit seinem Railton Mobil Spezial als neuer absoluter Rekordhalter feiern lassen, der schneller als 600 km/h ohne Blessuren überstanden hatte. Vier andere Rekordfahrer, auch der so erfahrene Sir Malcolm Campbell, wurden Opfer ihrer Leidenschaft. Die 700-km/h-Marke fiel erst am 13. Oktober 1964 durch den Amerikaner Craig Breedlove mit seinem von einer Gasturbine befeuerten „Spirit of America Sonic 1". Nur zwei Tage später donnerte der unerschrockene Texaner schon mit 846,94 km/h über den damals knochentrockenen Salzsee von Bonneville. Nun gab es kein Halten mehr. Gleich vier weitere todesmutige Rekordfahrer schickten sich an, die 900-km/h-Marke zu knacken. Ein selbstmörderisches Ziel, denn weder die Reifen noch die Bremsschirme und erst recht nicht der Zustand der an sich zu kurzen Strecke waren für derartige Geschwindigkeiten geeig-

Der Augenblick des Triumphs. Craig Breedlove ist am 15. November 1965 neuer absoluter Weltrekordhalter. Als erster Mensch fuhr er schneller als 600 Meilen (965 km/h).

Kein Rekordwagen gleicht dem anderen. Craig Breedloves neuer „Spirit of America Sonic 1" setzte mit exakt 600.60 mph – das sind 966,36 km/h – am 15. November 1965 nicht nur eine weitere Bestzeit in die unendlich lange Liste der absoluten Weltrekorde. Breedlove knackte bei nicht gewerteten Testfahrten fast die magischen 1.000 km/h.

net. Am 7. November 1965 ging der Amerikaner Art Arfons mit seinem „Green Monster" aufs Ganze und stellte mit 927,85 km/h einen neuen absoluten Geschwindigkeitsweltrekord auf, der allerdings nur acht Tage lang Bestand hatte. Sein härtester Konkurrent Craig Breedlove verbesserte den Rekord mit seinem „Spirit of America Sonic 1" auf 966,36 km/h, während Art Arfons mit dem sicher geglaubten Rekord schon wieder abgereist war.

Überschlag mit 965 km/h

Aus welchem Holz diese beiden Fahrer geschnitzt sind, lässt sich nur erahnen. Craig Breedlove erlebte ein Horrorszenario, als sein erster „Spirit of America" durch Bremsschirmversagen mit über 800 km/h über die markierte Rekordstrecke hinausraste und nach mehr als 18 Kilometern in einem tiefen Teil des Salzsees zum Stehen kam. Der Große Salzsee in Utah wird von einem Netz von Entwässerungskanälen durchzogen, die bei einem Bremsversagen eine tödliche Gefahr bedeuten. Im letzten Moment konnte sich Breedlove aus dem schon fast versunkenen Rekordwagen retten. Er wäre in seinem Wagen glatt ertrunken, wie das Foto zeigt. Bei einem weiteren Zwischenfall mit 888 km/h „auf dem Tacho" gelang es Breedlove, seinen neuen Rekordwagen sicher zum Stehen zu bringen, trotz zweifachen

Bremsschirm-Versagens. Auch Art Arfons entkam dem Tod nur mit knapper Not. Durch einen Radlagerschaden am Vorderrad überschlug sich sein „Green-Monster"-Rekordwagen am 17. November 1966 mit 965 km/h mehrfach. Das Fahrzeug wurde fast vollständig zerstört, man fand Teile des Wagens auf über sechs Kilometer verteilt. Art Arfons überstand diesen Crash fast unverletzt. Bislang überlebte noch kein anderer Fahrer einen derartigen Unfall bei noch höherer Geschwindigkeit.

Fünf Jahre nach Craig Breedloves Rekordfahrt von 966,36 km/h durchbrach der amerikanische Dragster-Fahrer Gary Gabelich mit dem Raketenfahrzeug „Blue Flame" am 23. Oktober 1970 die 1.000-km/h-Marke. Sein Rekord von 1001,45 km/h hielt 13 Jahre. „Blue Flame" war der letzte Rekordwagen, der auf Gummireifen fuhr. Mit dieser phänomenalen Leistung war der Durchbruch der Schallmauer mit einem Landfahrzeug näher gerückt.

Fünf Jahre lang versuchten mehr oder minder talentierte Rennfahrer den bestehenden Rekord von Craig Breedlove von 966,36 km/h zu brechen. Alle Mühe war vergebens. Im Herbst 1970 stieg der in Kroatien geborene Profirennfahrer Gary Gabelich mit seinem aufregend schlanken Raketenwagen „Blue Flame" in den Ring. Hauptsponsor war die amerikanische Gasindustrie, deshalb der Name „Blue Flame" – blaue Flamme. Angetrieben wurde das 35.000 PS starke Geschoss von einem neuartigen Raketenmotor, der mit Wasserstoffsuperoxid und Flüssiggas befeuert wurde. Am 23. Oktober 1970 zischte die zehn Meter lange und fast drei Tonnen schwere „Blue Flame" mit 1001,45 km/h durch die Lichtschranken. Ein neuer absoluter Weltrekord, der 13 Jahre Bestand haben sollte.

Weltrekorde

Mit Charme und Zielstrebigkeit wickelte Gary Gabelich alle Sponsoren geschickt um den Finger. Seine Rekordfahrt mit der „Blue Flame" wurde von ihm professionell vorbereitet. In ganz langsamen Schritten näherte er sich erst nach einer monatelangen Testphase seinem angestrebten Ziel: absoluter Weltrekord mit mehr als 1.000 km/h. 1984 starb Gabelich bei einem Motorradunfall in Long Beach. Er wurde nur 43 Jahre alt.

Die Schallmauer wackelt

Es ist der 8. September 1979. Samstagmittag am Startplatz von Bonneville. 52 Grad Hitze im Schatten des offenen Zeltes. Rechts der Küchenwagen, links eine Karawane von 30 Motorhomes – und links vor meinen Augen die Budweiser-Rakete: 13 Meter lang, nadelscharf gespitzt, von 5.200 Titannieten zusammengehalten. In ihr verbirgt sich die stärkste, gefährlichste und unberechenbarste Triebwerkskombination, die je ein Mensch zu steuern wagte. Ein Flüssiggastreibstoff-Raketenmotor mit 48.000 PS Leistung, unterstützt von einer 12.000 PS starken Sidewinder-Feststoffrakete: 60.000 PS nackte Gewalt.

Neun Jahre lang arbeitete sein Konstrukteur Bill Fredrick an diesem dreirädrigen Geschoss: „Als andere Rennwagen-Konstrukteure noch in Geschwindigkeitsbereichen von 700 km/h dachten, arbeitete ich schon an meinem ersten Raketenwagen. In zehn Sekunden kann Budweiser Rocket 1.000 km/h erreichen, in 16 Sekunden fällt nach unseren Berechnungen die Schallmauer." Bill Fredrick sagt das ohne Emotionen. Der Weltrekord ist für ihn so sicher wie das Amen in der Kirche.

Die Medien machen Druck

Hal Needham, anerkannter König der Stuntmen Hollywoods und erfolgreicher Filmproduzent, bezahlt alles: 60 Mann Personal, täglich 20.000 Dollar für Streckenmiete und die Zeitnahme, geschätzte 5.000 Dollar am Tag für Verpflegung und nicht zuletzt das Salär für seinen Fahrer, Stan Barrett. Alter 36 Jahre, Beruf Sensationsdarsteller. Stan sitzt vor seinem Camper, spielt mit seinen Kindern Stanten (6), David (8), Melissa (4) und seiner Frau Benny Monopoly. Stan Barrett ist ganz ruhig. Bei der ersten Probefahrt fuhr er ganz ohne Publikum und Presse fast 600 km/h, dann 680 km/h und beim dritten Lauf 850 km/h. Aber heute ist er nicht mehr allein. 45 Fotografen, fünf Fernseh-

Seiner Zeit weit voraus war 1928 der erste mit zwölf Feststoff-Raketen befeuerte Rekordwagen der Automobilgeschichte. Der Opel RAK 1 wurde von Kurt C. Volkhart erfolgreich erprobt. Spitze: 100 km/h. RAK 2 donnerte mit Fritz von Opel am Steuer im gleichen Jahr schon mit 238 km/h über die Berliner AVUS – eine Weltsensation.

Mercedes-Benz und Auto Union setzten Mitte der 1930er-Jahre alles daran, den absoluten Geschwindigkeits-Weltrekord zu besitzen. Bernd Rosemeyer fuhr mit diesem 1999 originalgetreu nachgebauten Auto Union Stromlinienwagen 1938 mit 406,30 km/h einen absoluten Weltrekord auf der neu erbauten Autobahn bei Darmstadt. Leistung 545 PS, 6.500 ccm, 16-Zylindermotor. Bei einem weiteren Rekordversuch starb Deutschlands Rennsport-Legende wegen einer Windböe, die ihn von der Fahrbahn riss.

teams und etwa 50 Journalisten sind zum Salzsee gepilgert. Heute will Stan über 1.010 km/h fahren – erst den absoluten Weltrekord, morgen die Schallmauer durchbrechen, so mit 1.300 km/h, wenn alles gut geht. Auf jeden Fall ein Leckerbissen für die Medien.

Stan Barrett, ein Mann ohne Nerven
Sonntag, 9. September 1979, 7.20 Uhr. Die Rakete ist startklar. Fast sechseinhalb Stunden harter Arbeit liegen hinter den Mechanikern. Jetzt steigt Stan Barrett ins Cockpit. 136 Gallonen Wasserstoff lagern vor seinen Füßen im Edelstahltank. Der Countdown läuft unaufhaltsam. Zwölf Schraubverschlüsse verriegeln das Einstiegsluk. Durch einen Lautsprecher höre ich Stan stoßweise Sauerstoff atmen. Jetzt ist er nur noch über die Gegensprechanlage mit Bill Fredricks Laster verbunden, in dem die Einsatzzentrale residiert. 7.40 Uhr: Der Feuerlöschwagen fährt zum acht Meilen entfern-

Weltrekorde

Bei Schallgeschwindigkeit drehen sich die 81,3 cm hohen Hinterräder mit über 9.200 Umdrehungen, die eine enorme Fliehkraft entwickeln. Ein Gummireifen würde nach Ansicht von Experten der Reifenindustrie bei über 1.150 km/h unweigerlich zerreißen. Deshalb entwickelte das Team von Bill Fredrick die ersten Räder aus Aluminium ohne Gummiauflage.

ten Zielpunkt los und Doc Wayne schwingt sich in seinen frisierten, 450 PS starken Krankenwagen. Er platziert sich am Fünf-Meilen-Punkt, da, wo sich der Bremsschirm öffnen soll. Dann der Start. Meine Nikon-Kamera surrt mit fünf Bildern pro Sekunde. Ich höre nichts vom Start, sehe nur vage, wie hier ein 13 Meter langer roter Pfeil in jeder Sekunde rund 100 km/h schneller wird. In zwei Sekunden jagt die „Budweiser-

Seite 66: „Budweiser Rocket" an der Startlinie auf dem Salzsee von Bonneville. Für den stricknadeldünnen, 60.000 PS starken Raketenwagen gab es im Herbst 1979 nur ein Ziel: der Durchbruch der Schallmauer. Mit einer Länge von 12,20 Metern und einem Radstand von nur 3,41 Metern gab es bislang keinen vergleichbaren Rekordwagen, der eine ähnlich schlanke Silhouette aufwies.

Rocket" auf 180 km/h, in drei Sekunden auf 350 km/h, nach acht Sekunden ist das Ding über 900 km/h schnell, und nach zehn Sekunden 1.027,7807 km/h. Niemand fuhr bislang schneller. Stan Barrett ist jetzt der schnellste Mann auf Erden, aber die Schallmauer hat ein letztes Mal standgehalten, und für einen neuen Rekord ist eine weitere Fahrt in Gegenrichtung innerhalb einer Stunde erforderlich, so schreibt es das Reglement des Internationalen Automobilverbands FIA vor. Stan Barrett wiegt durch die Beschleunigungskräfte sechsmal so viel wie normal – rund eine halbe Tonne. Gleich muss der brachiale Bremsvorgang beginnen. Da, der Computer meldet Fallschirmversagen.

Auf der Jagd nach dem absoluten Rekord

Der Arbeitsplatz von Stan Barrett. Das Cockpit gleicht dem eines Jagdflugzeugs. Der maximale Lenkausschlag beträgt nur 1,2 Grad. In weniger als sieben Sekunden stehen schon 800 km/h an, und erst jetzt beschleunigt der dreirädrige Raketenwagen bis zur Höchstgeschwindigkeit von gut 1.200 km/h mit voller Kraft durch die zugeschaltete 12.000 PS starke Sidewinder-Feststoffrakete, die zur Unterstützung für den 48.000 PS starken Raketenmotor dient.

Am 9. September 1979 rast Stan Barrett kurz vor acht Uhr morgens bei fast absoluter Windstille mit 1.027,7807 km/h durch die Lichtschranken der Zeitnehmer. Kein Mensch fuhr bislang schneller, aber die Schallmauer hielt ein letztes Mal Stand, weil der augenblickliche Zustand der holprigen Strecke keine deutlich höheren Geschwindigkeiten zuließ. Totale Frustration breitete sich bei allen Beteiligten aus, denn alternative Rekordpisten gab es kaum.

Weltrekorde

Nur ein extrem schlanker Fahrer passt in das hautenge, 51 cm breite Cockpit des Raketenwagens. Auch unter Platzangst darf der Fahrer nicht leiden, denn die Vorbereitungen zum Start mit der geschlossenen Kabine dauern fast eine halbe Stunde lang. Stan Barrett fühlte sich dieser Herausforderung gewachsen. Er gilt als einer der besten professionellen Stuntmen in Hollywood mit Nerven wie Stahl.

Bei abgenommener Verkleidung erkennt man die Lauffläche der Hinterräder. Mit Geschwindigkeiten jenseits der 900-km/h-Marke fährt der Raketenwagen nur noch auf dem schmalen Steg an der Oberkante der Lauffläche, unter der sich ein Luftpolster bildet. Dadurch wird der Rollwiderstand nochmals deutlich verringert. Ausgewuchtet wird das Rad auf ein zehntel Gramm genau.

Der Bremsschirm funktioniert nicht. Der Bordcomputer schließt alle Ventile und registriert einen 2,70 Meter hohen Sprung der beiden Hinterräder. Stan Barretts Rakete schießt über die festgelegte Messstrecke hinaus. Im letzten Moment bekommt Stan den Auslösegriff des Reserveschirms zu fassen und reißt ihn aus der Sicherung. „Well", sagt er mir eine halbe Stunde

Das moderne Treibstofflager für den Raketenantrieb. Das Foto zeigt nur einen Teil der Vorräte, die für die wochenlangen Testfahrten erforderlich waren. Bei jeder Fahrt fielen Treibstoffkosten von mindestens 20.000 Euro an.

Der ausgetrocknete Salzsee von Bonneville ist bei weitem nicht so eben und glatt, wie er sich in großformatigen Fotos darstellt. So spielt eine veränderte Luftfeuchtigkeit eine enorme Rolle für die Beschaffenheit der Rekordpiste. Geglättet wird die bis zu 16 Meter breite Salzpiste mit diesem sechs Tonnen schweren Salzhobel, der von einem PS-starken Truck gezogen wird. Kostenpunkt: mindestens 8.000 Euro pro Tag.

Auf der Jagd nach dem absoluten Rekord

Kein anderer Rekordversuch wurde ähnlich lange und präzise von einer Rechnerzentrale überwacht und dokumentiert wie beim „Budweiser Rocket". Zehn Mal pro Sekunde zeichnete der Rechner während jeder Fahrt folgende Werte auf: Geschwindigkeit, Anpressdruck von Vorder- und Hinterrädern, g-Belastung beim Beschleunigen und Abbremsen, auf den Fahrer einwirkende seitliche Verzögerungswerte. Nicht zuletzt wurden die medizinisch relevanten Daten von Puls und Herzschlag vor und während der Fahrt an den Rechner übermittelt.

Weltrekorde

später, „eine ganz normale Fahrt, etwas rau vielleicht." Der Grund, weshalb die Rekordversuche am selben Tag abgebrochen wurden, stellte sich eine Stunde später beim Auswerten des Computerdiagramms heraus: Die Hinterräder des Raketenautos befanden sich teilweise 2,70 Meter frei in der Luft. Der Salzsee ist viel zu uneben und rau für weitere Rekordfahrten über 1.000 km/h. Ein Riesenproblem für alle Beteiligten, denn nur wenn die Schallmauer fällt, bezahlt Amerikas bedeutendster Spirituosenkonzern Budweiser die vereinbarten Sponsorengelder in Millionenhöhe aus.

Eine neue Rekordpiste aus getrocknetem Lehm

Drei Monate später wird das „Budweiser Rocket Team" wieder an der Startlinie stehen, und jetzt wird es kein Zurück geben. Diesmal auf dem NASA-Landeplatz der Space-Shuttle-Weltraumfähren, Edwards Air Base. 45 Kilometer lang ist das Gelände, und 35 Kilometer davon sind mit einer gelbroten, staubtrockenen Lehmschicht bedeckt, die ungleich glatter ist als das raue Salz auf dem Salzsee von Bonneville. Edwards Air Base ist eine riesige, hermetisch abgesicherte Luftwaffenbasis. Kein Rekordwagen hat bis

Bernd Rosemeyer wird von seinen Mechanikern zu einer neuen Rekordfahrt auf der Autobahn bei Darmstadt angeschoben.

Ferdinand Porsche entwarf 1937 im Auftrag von Mercedes-Benz diesen grandiosen Rekordwagen T80, der allerdings nie zum Einsatz kam. Angetrieben wird das silberne Monstrum von einem 44 Liter großen Mercedes-Benz-Flugzeugmotor mit über 3.000 PS. Der Wunsch des genialen Konstrukteurs: Mit etwa 650 km/h sollte „Bergkönig" Hans Stuck einen Rekord für die Ewigkeit aufstellen.

zum Dezember 1979 dort Rekordfahrten absolviert, bis Bill Fredrick die Militärstrategen in wochenlangen Gesprächen soweit hatte, dass sie ein paar Testfahrten zuließen. Dass Stan Barrett dabei eventuell die Schallmauer durchstoßen könnte, wäre fast ein Wunder. „Unsere Schwierigkeit besteht darin", erklärt der Raketentechniker, „dass wir bei Geschwindigkeiten von über 1.000 km/h auf Neuland stoßen. Die Schallmauer ist wirklich eine Mauer. Vor dem Erreichen der Überschallgeschwindigkeit muss das Fahrzeug durch die ‚Transonic Region', die sich zwischen 1.040 und 1.150 km/h befindet. Der Luftwiderstands-Koeffizient ist so stark, als würde man gegen eine Backsteinwand fahren. Man braucht die doppelte Kraft, um von 950 km/h auf 1.100 km/h zu kommen. Tatsache ist auch, dass bisher kein Fahrzeug diese Transonic-Zone durchfahren hat. Wir wissen nicht, ob es einen gewaltigen Überschallknall geben wird, und wir wissen auch nicht, ob die Schallwellen das Fahrzeug hochprallen lassen. Wir vermuten allerdings, dass ein Fahrzeug zwei kritische Zonen beim Erreichen der Überschallgeschwindigkeit durchfahren muss. Vorne an der Spitze des Wagens wird die erste Schallwelle spürbar sein. Dringt dann das Fahrzeug mit dem Cockpit in die

Mit seinem ersten „Düsenjäger auf Rädern", dem „Spirit of America", sorgte der Amerikaner Craig Breedlove 1963 für eine Weltsensation und einen Eklat bei den internationalen Zeitnehmern. Statt auf den vorgeschriebenen vier Rädern fuhr Breedlove nur auf dreien, und anstelle der radangetriebenen Fortbewegung setzte der mutige Hobby-Konstrukteur auf reinen Rückstoßantrieb mittels eines etwa 8.000 PS starken Gasturbinen-Triebwerks. Letztlich wurde sein neuer absoluter Weltrekord mit 655 km/h von der obersten internationalen Motorradsport-Organisation FIM als Zweiradweltrekord mit Beiwagen anerkannt.

Schallwellen ein, wird ein zweiter Überschallschock das Fahrzeug erschüttern. Nur, wer sagt uns, wie groß diese Kräfte tatsächlich sein werden? Werden die Titannieten die Karosserie zusammenhalten? Wird der Fahrer eine rund 20 Sekunden dauernde sechsfache G-Belastung aushalten? Und werden die 60.000 PS überhaupt ausreichen für die Fahrt durch die Schallmauer?"

Zeitnahme über Satelliten

In der Edwards Air Base steht der NASA die modernste Luftüberwachung zur Verfügung, die es gibt, darüber sind sich alle Experten des amerikanischen Weltraumprogramms einig. Mehr als zwanzig Satelliten überwachen hier nicht nur den Luftraum, sondern registrieren auch jede Bewegung auf dem Land, in der Luft oder auf See im Einzugsgebiet der Air Base. Bei der nächsten Rekordfahrt des Budweiser-Raketenwagens sollte zusätzlich zu den bekannten Messanlagen mittels Lichtschranken das NASA-Satellitensystem für eine absolut exakte Zeitmessung bei der geplanten Überschallfahrt sorgen. Das System dieser Zeitnahme ist umso präziser, wenn das Fahrzeug mit

Weltrekorde

Ein spektakulärer Unfall. Um ein Haar wäre Craig Breedlove mit seinem Boden-Düsenjäger „Spirit of America" im Großen Salzsee im Norden Utahs ertrunken, weil sein Bremsschirm bei über 800 km/h versagte. Breedlove konnte sich schwimmend aus seinem Wrack retten. Nur die Heckflosse ragt noch aus dem Wasser. Im Hintergrund erkennt man die Rekordpiste. Der Wagen war Schrott.

einem Transponder ausgerüstet ist. Transponder senden Funksignale aus und warnen andere Flugzeuge vor einer gefährlichen Annäherung. Alle zivilen und militärischen Maschinen sind für die Luftüberwachung mit Transpondern ausgerüstet.

Alles oder nichts

Es ist kalt an diesem Dezembermorgen 1979 auf der Edwards Air Base in Kalifornien. Sieben Grad unter Null. Seit über zehn Stunden arbeitet das „Budweiser Rocket Team" an den Vorbereitungen zur letzten, entscheidenden Fahrt durch die Schallmauer. Stan Barrett freut sich über die Kälte, freut sich, weil er da die Schallmauer schneller durchbrechen kann: Denn sie ist temperaturabhängig. Bei minus neun Grad muss er 1.171 km/h schnell sein, bei null Grad sind es schon 1.192 km/h, und bei zehn Grad plus sogar 1.213,82 km/h, bis sein raketenbefeuertes „Dreirad" die Schallmauer durchbricht. Die NASA billigte dem Team von Hal Needham nur noch diese eine Testfahrt zu, weil das Space Shuttle auf einen weiteren Weltraumflug vorbereitet werden musste. Das „alles oder nichts" bedeutet für Stan Barrett eine Prämie von einer halben Million Dollar, wie uns ein Insider erzählte.

Jetzt wird Stan in das konservendosenenge Cockpit geschnallt. Über 30 Mal hat er die Prozedur bei Testfahrten auf dem Salzsee von Bonneville und hier auf dem Raketenversuchsgelände der NASA schon mitgemacht. 25 Minuten dauert der Check. 79 Checkpunkte wird Bill Fredrick, der dieses Geschoss gebaut hat, abhaken, ehe der Zehn-Sekunden-Countdown beginnt. Noch acht Sekunden bis zum Start. Ein dumpfes Brodeln, dann ein kurzer scharfer Knall: Die Rakete rollt drei Meter vor. Seven, six, five, four, three, two, one, zero! Ein Knall zerreißt die Ruhe, lässt die Luft erzittern – „Budweiser" ist weg, einfach fort. Nach zwölf Sekunden erschüttert ein zweiter Schuss die kalte Einsamkeit. Die Sidewinder-Zusatzrakete lässt den roten Aluminiumpfeil jetzt mit zusätzlichen 12.000 Kilopond Schubkraft gegen die Schallmauer prallen. Das vorne liegende Staurohr durchbricht nach 18 Sekunden die Schallwelle. Unter der keilförmig zugespitzten Karosserie bildet sich ein Luftpolster, das die über zwei Tonnen schwere Rakete mit den Hinterrädern in die Luft befördert. „Budweiser" fährt nur noch mit dem 76 Zentimeter hohen Vorderrad auf der Erde, wie ein Schubkarren, nur um einiges schneller, genau

Trotz bester Voraussetzungen gelang dem optimistisch gestimmten Dr. Ostrich kein neuer absoluter Weltrekord mit seinem revolutionären „Flying Caduceus". Seine Bestzeit lag bei knapp 600 km/h über die fliegende Meile, aber seine Konstruktion erwies sich bald als Vorbild für zukünftige Rekordwagen mit Düsentriebwerken.

Trendsetter: Rückstoßantrieb statt Radantrieb. Den ersten mit einer Gasturbine ausgerüsteten Rekordwagen schuf der kalifornische Zahnarzt Dr. Nathan Ostich. Von 1960 bis 1964 donnerte er mit seinem „Flying Caduceus" unzählige Male über den brettharten Salzsee von Bonneville.

1.190,122 km/h. Das Unfassbare ist geglückt: Ein Landfahrzeug hat die Schallmauer durchstoßen! Der kleine Bremsschirm, der allein 75.000 Dollar gekostet hat, bringt das Heck mit immerhin noch 1.050 km/h auf die Erde zurück. Barrett wiegt jetzt siebenmal so viel wie normal: 510 kg, oder eine gute halbe Tonne. Nach 8.000 Metern steht diese Rakete endlich auf Rädern. „Der liebe Gott hat seine Hand über Stan gehalten", meinte Bill Fredrick, der Konstrukteur des Raketenwagens, und niemand war dabei, der ihm widersprach.

Fiel die Schallmauer oder nicht?

Schon bei der Konstruktion des Budweiser-Raketenwagens war allen Insidern klar, dass allein schon das zeitintensive und komplizierte Betanken einen offiziellen Rekord vereiteln würde. Das Reglement der obersten Motorsportbehörde FIA schreibt vor, dass nur

Seite 78: Mitte der 1960er-Jahre wurden unzählige neue Rekordwagen entworfen, getestet und dann wieder verschrottet, weil die komplizierten und sündhaft teuren Gasturbinen-Triebwerke nicht ins Konzept eines schlanken, strömungsgünstigen Rekordwagens passten. Das Foto zeigt solch eine massige Rolls Royce Derwent-Turbine, die in den 1960er-Jahren die britischen Rennfahrer begeisterte.

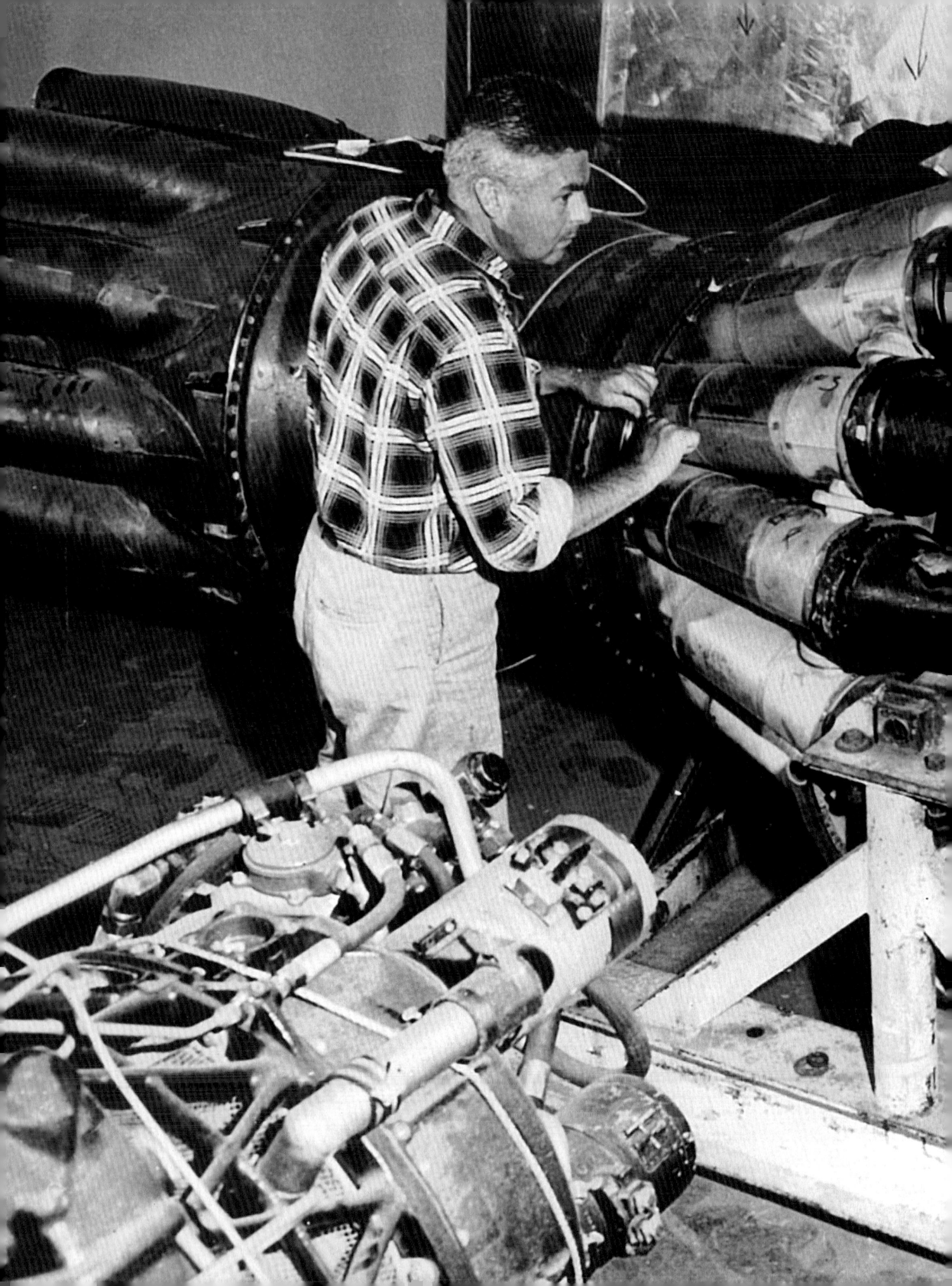

Weltrekorde

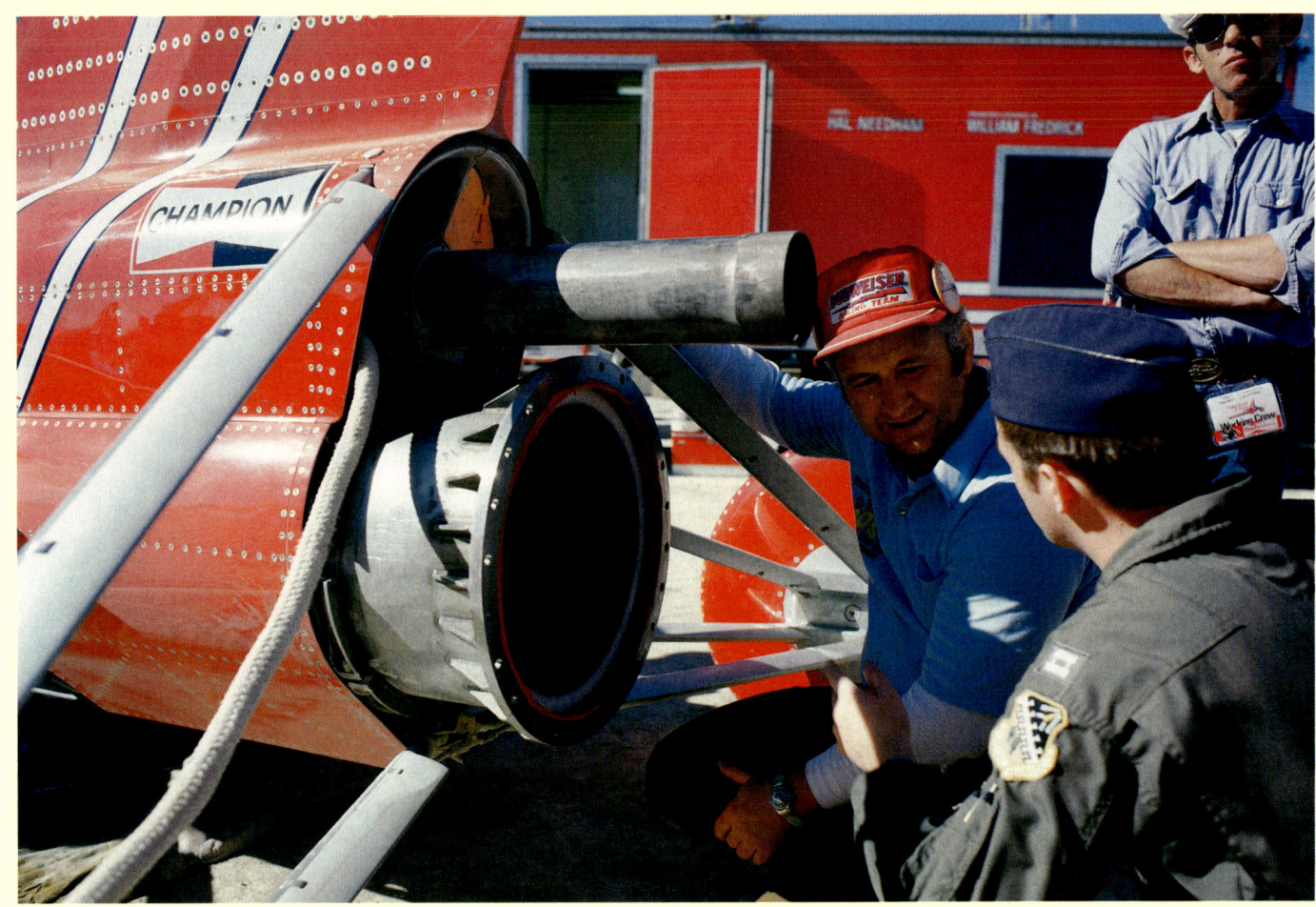

Neuer Rekordversuch auf dem NASA-Testgelände Edwards Air Force Base in der Mojave-Wüste im Dezember 1979. Beim fehlgeschlagenen Versuch, die Schallmauer auf dem Salzsee von Bonneville zu durchbrechen, stellte der Konstrukteur des Raketenwagens, Bill Fredrick (mit roter Mütze), fest, dass nicht genügend Schubkraft zur Verfügung stand. Innerhalb von drei Monaten konstruierte er das Heck des Wagens um und installierte einen noch leistungsfähigeren Raketenmotor, unser Bild, mit deutlich über 48.000 PS. Auch die bisherige Version der Sidewinder Flugabwehr-Rakete, oben im Bild, die für 12.000 Kilopond Schubkraft zusätzlich sorgte, wurde durch diese neue deutlich potentere Version ersetzt.

dann eine Rekordfahrt gültig ist, wenn innerhalb von einer Stunde zwei Läufe in entgegengesetzter Richtung stattfinden. Die Durchschnittsgeschwindigkeit beider Läufe über einen Kilometer oder eine Meile gilt dann für die neue Bestleistung. Beim „Budweiser Rocket" dauert das Betanken zwischen viereinhalb und sechs Stunden, da der komplette Raketenantrieb vor dem Betanken aus- und wieder eingebaut werden muss. Nur so lässt sich eine extrem schlanke Form verwirklichen, die eine Fahrt durch die Schallmauer ermöglichen sollte. Bill Fredrick und Hal Needham kam es nur darauf an, die Schallmauer zu durchbrechen. Der zweite Punkt betraf die Anzahl der Räder. Hier sind vier Räder in beliebiger Anordnung vorgeschrieben. Ein Dreirad wie die „Budweiser Rocket" gilt in dem über hundert Jahre alten Reglement als nicht legal. Auch andere erfolgreiche Raketenwagen wie die „Blue Flame" von Gary Gabelich fuhren auf vier Rädern. Die beiden Vorderräder lagen so nahe beieinander, dass sie wie ein Vorderrad aussahen.

Seite 80: 18. Dezember 1979: Start zum Durchbruch der Schallmauer. Heißer Wasserdampf schießt aus der Raketenbrennkammer. Ein scharfer Knall, und „Budweiser Rocket" ist weg. 18 Sekunden später erschüttert ein weiterer Knall das NASA-Testgelände: Zum ersten Mal durchbricht ein Mensch in einem Landfahrzeug die Schallmauer.

Auf der Jagd nach dem absoluten Rekord

Endlich am Ziel ihrer Wünsche: Stan Barrett, links, freut sich mit seinem Mäzen, Hollywood-Produzent Hal Needham, über den Durchbruch der Schallmauer.

Mit 1.190,122 km/h auf einem Rad durch die Schallmauer. Die NASA lieferte diese sensationelle Aufnahme. Deutlich erkennt man die nur 16 Meter auseinanderstehenden Lichtschranken und die vom Boden abgehobenen Hinterräder.

Nicht zuletzt erregte die Zeitnahme über Satellit die Gemüter der nationalen Motorsportverbände. Die NASA-Techniker veröffentlichten ihre auf ein Tausendstel genauen Protokolle und verglichen sie mit der herkömmlichen Radarmessung mittels Lichtschranken, die zusätzlich eingesetzt wurde. Beide Messungen ergaben fast den gleichen Wert von 1.190,122 km/h bzw. 1.190,340 km/h. Die Fahrt durch die Schallmauer war damit geglückt, aber von den internationalen Motorsportverbänden nicht anerkannt. Ein neuer, offiziell anerkannter absoluter Geschwindigkeitsweltrekord jenseits der Schallmauer sollte erst 18 Jahre später gelingen. Ein unglaublich ehrgeiziger Versuch einer britischen Mannschaft, der letztlich zum Erfolg führte.

Im Rausch der Geschwindigkeit

Vor dem Zweiten Weltkrieg bestand die Elite der Rennfahrer aus feinen Herren, die aus Spaß an der Sache auch nach einem Weltrekord griffen. Nicht wenige dieser Gentlemen-Driver starben in den Trümmern ihrer Boliden, weil sie ihre Fahrkünste überschätzten oder eine Windböe sie von der Fahrbahn riss. Kurz gesagt, bei 500 km/h auf dem Tacho hört der Spaß auf und der Kampf ums Überleben im Cockpit beginnt. Mitte der 1960er-Jahre gelang es nur noch Donald Campbell, Sohn des legendären Sir Malcolm Campbell, auf dem australischen Salzsee Lake Eyre mit 648,43 km/h einen neuen absoluten Weltrekord aufzustellen. Vater Malcolm Campbell verdiente sein Vermögen als erfolgreicher Diamantenhändler und Versicherungsagent. Er wurde vom britischen Königshaus zum Ritter geschlagen. Sein weniger resolut auftretender Sohn Donald setzte die Familientradition fort. Als hoch angesehener Privatier konnte er sich immer neue Rekordwagen und Rennboote mit Düsenantrieb leisten. Vater und Sohn verunglückten beide tödlich, weil die Bedingungen für Rekordfahrten schlechter waren als erhofft. Sie starben gekleidet mit Krawatte und weißem Hemd unter dem gleichfalls schneeweißen Overall bei Rekordfahrten. Gentlemen-Driver enden stilvoll, das ist die Botschaft, die jeder Rekordaspirant daraus ziehen konnte.

Die Ära der Draufgänger

Nach den Campbells nahmen bis in die 1980er-Jahre nur noch hartgesottene Draufgänger am Volant ihrer Boliden Platz. Tom Green, Craig Breedlove und die auf dem Salzsee recht verfeindeten Brüder Art und Walt Arfons zeichneten sich in ihren besten Zeiten als echte „Schrauber" aus, die stundenlang unter ihren selbstkonstruierten Rekordwagen lagen und somit jede Schraube ihres Rennwagens kannten. Als klassische Draufgänger setzten sie nach ganz wenigen Testfahrten alles auf eine Karte: „Entweder der Rekord fällt,

Nachdem der Internationale Automobilverband FIA Rückstoßantriebe in Form von Jet-Triebwerken oder auch Raketenantrieben 1960 als neue Klasse genehmigte, standen die bisherigen radangetriebenen Rekordwagen auf verlorenem Posten. Der letzte Rekordhalter in dieser Kategorie ist der mit vier Chrysler V8-Motoren ausgerüstete „Goldenrod" von Bob Summers mit 654,8 km/h.

Den ersten europäischen Gasturbinen-Rekordwagen entwarf Renault 1956, getauft auf den schönen Namen „L'Étoile Filante", die Sternschnuppe. Jean Hébert stellte auf dem Salzsee von Bonneville mit 308,850 km/h einen neuen Weltrekord in der Kategorie Gasturbinenfahrzeuge mit Radantrieb auf. Beschleunigt wurde der nur 99 cm hohe Rekordwagen durch eine 270 PS starke Turbomeca-Turbine.

Der weltgrößte Autogigant General Motors stellte in den 1950er- und 60er-Jahren eine Serie innovativer Rekordwagen mit Gasturbinenantrieb auf die Räder. Indianapolis-500-Veteran Mauri Rose zeigt den futuristisch gestylten XP-21 Firebird im Mai 1954 auf der hauseigenen Teststrecke von Milford/Michigan. Eingebaut ist eine 370 PS starke Whirlfire GT-302-Turbine.

oder ich bin mausetot", erklärte mir Art Arfons seine Einstellung vor seinem Horrorunfall bei über 950 km/h, den er wie durch ein Wunder fast unverletzt überlebte. Unter dem Strich gesehen überstanden alle diese vier Fahrer schwere Unfälle mit ihren fragilen Rekordwagen, bevor sie einen neuen absoluten Weltrekord in der Tasche hatten. Ein ganz anderer Typ von Rekordfahrer löste die Draufgänger-Clique nun ab. Im Nachhinein betrachtet ein echter Generationenwechsel, auch beim ganzen Team. Mit dem ungemein sympathischen Dragster-Rennfahrer Gary Gabelich wurde der Generationenwechsel eingeleitet. Gary fuhr mit seinem Raketenwagen „Blue Flame" am 23. Oktober 1970 als Erster schneller als 1.000 km/h über den Salzsee von Bonneville. An diesem Fahrzeug arbeiteten keine ölverschmierten Automechaniker mehr, son-

Weltrekorde

Nicht wenige Rekordfahrer verunglückten tödlich, weil sie nicht genügend Geld für passende Reifen aufbringen konnten. Walt Arfons zeigt eine gerissene Felge seines „Wingfoot Express" nach einer Testfahrt, die ohne Blessuren endete. Die Bereifung von Craig Breedloves „Spirit of America", links im Bild, demonstriert den Fortschritt in der Reifentechnik.

dern ein Stab von zwölf hochdotierten Spezialisten mit weißen Baumwollhandschuhen, die nichts dem Zufall überließen. Ihnen musste sich Gary unterordnen, denn wenn er nicht „spurte", würde sein Kollege Gerard Brennan das Steuer übernehmen. Einen Schraubenschlüssel nahm der so erfolgsgewohnte Kalifornier bei seiner „Blue Flame" nie zur Hand. Leider verunglückte er 1984 tödlich bei einem simplen Motorradunfall, weil er keinen Sturzhelm trug.

Großbritannien greift an

Mit dem Schotten Richard Noble konnten die amerikanischen Speed Boys lange Zeit nichts anfangen. Sie sahen in dem gut aussehenden Briten einen smarten Geschäftsmann, der seinen Traum vom absoluten Welt-

Seite 86: Ein erbittertes Duell auf der Rekordpiste des Salzsees von Bonneville lieferten sich die Brüder Walt und Art Arfons und Craig Breedlove. Alle drei waren in der Lage, den absoluten Geschwindigkeitsweltrekord immer höher zu schrauben. Das Foto zeigt den zweiten „Wingfoot Express" von Walt Arfons, dessen Fahrer Tom Green, ganz rechts, am 5. Oktober 1964 mit 664,96 km/h einen neuen absoluten Weltrekord aufstellte. Den Antrieb besorgte ein Strahltriebwerk vom Schrotthandel. Bereift war der Rekordwagen mit Lastwagenreifen, die für maximal 120 km/h entwickelt wurden.

rekord mittels zahlungskräftiger Sponsoren verwirklichen wollte. Einer wie viele andere, die mit großen Sprüchen, aber wenig technischem Background ihre hochtrabenden Pläne verkündeten: Zuerst ein neuer absoluter Weltrekord jenseits von 1.000 km/h und dann die Fahrt durch die Schallmauer mit gut 1.200 km/h. Im März 1977 erhielt Noble seine erste Lektion in Sachen Weltrekord. Sein vermeintlicher Rekordwagen „Thrust 1" überschlug sich schon bei 225 km/h auf einem stillgelegten Flugplatz, als ein Radlager festging. Richard blieb fast unverletzt, aber seine preiswert erstandene Rolls Royce Derwent 8-Turbine war nur noch Schrott.

Weniger nervenstarke Fahrer hätten nun aufgegeben. Für Noble bedeutete dieser Unfall eine Lektion, die er nie mehr vergaß. Mit außergewöhnlicher Hartnäckigkeit verfolgte er seine Pläne konsequent weiter. 1980 stellte Noble seinen neuen „Thrust-2"-Boliden der Presse vor, der mit einem Beifahrersitz ausgerüstet war. Links der Fahrersitz neben der mächtigen Rolls Royce Avon 210-Turbine und rechts davon der Beifahrersitz. Wozu das Ganze? Nun konnten mutige Presseleute das Gefühl von über 500 km/h auf vielen Testfahrten hautnah miterleben. Durch ihre enthusiastischen Reportagen füllte sich Nobles Rennkasse zusehends, und der Weg war frei für den ersten „Ausflug" zum Großen Salzsee in Utah. Im Oktober 1981 fuhr der nun von den amerikanischen Weltrekordaspiranten misstrauisch beäugte Schotte nach einigen frustrierenden Testfahrten endlich schneller als 700 km/h. Ein neuer britischer Rekord – mehr nicht. Die Bestmarke der „Blue Flame" stand mit 1.001 km/h in weiter Ferne. Wegen aufkommenden Regens reiste das Team aus

Art Arfons erwarb sich schon in den 1960er-Jahren einen ausgezeichneten Ruf als kreativer „Edelbastler" und nervenstarker Rennfahrer, der einen mehrfachen Überschlag mit 965 km/h fast unverletzt überlebte und der Rennfahrerei dennoch treu blieb. Mit seinem „Green Monster" war er zwischen 1964 und 1965 mit 863,56 und 927,66 km/h zweimal der schnellste Autofahrer der Welt.

Weltrekorde

Wohl nur wenige patriotisch eingestellte Briten konnten sich Ende 1979 vorstellen, dass ihr Landsmann Richard Noble, hier im Bild bei der Präsentation seines acht Meter langen und vier Tonnen schweren „Thrust-2"-Rekordwagens, alle bisherigen Bestleistungen überbieten könnte. Eingebaut ist eine Rolls Royce Avon-Turbine mit etwa 8.000 Kilopond Schubkraft. Noch stand Gary Gabelichs offizieller Geschwindigkeitsweltrekord bei 1.001,45 km/h, da Stan Barretts Schuss durch die Schallmauer mit „Budweiser Rocket" vom Internationalen Automobilverband FIA nicht als Rekordfahrt anerkannt wurde.

Großbritannien reichlich ernüchtert nach Europa zurück.

Das Geld wird knapp

Stress mit den Sponsoren? Und ob! Reihenweise sprangen nun wichtige Sponsoren ab, und Richard Noble hatte Mühe, die erforderlichen Geldmittel für einen neuen Versuch im kommenden Herbst aufzutreiben. Im Oktober 1982 war es wieder so weit. Statt einer brettharten Salzkruste stand fast die gesamte Rekordstrecke unter Wasser – ein ganz seltener Zustand für diese extrem heiße Wüstengegend. Abreisen oder sich eine andere Rekordpiste aussuchen? Die sensationshungrigen Sponsoren wollten endlich erfreuliche Resultate sehen. Die rettende Idee bekam Noble von einem Sandsegler zugesteckt. Er berichtete vom Black Rock Desert, einem ausgetrockneten Tal zwischen hohen Bergen im Nordwesten Nevadas, dessen Oberfläche aus Lehm besteht und durch sturmstarke thermische Winde fast jeden Tag plangeschliffen wird. Eine absolut

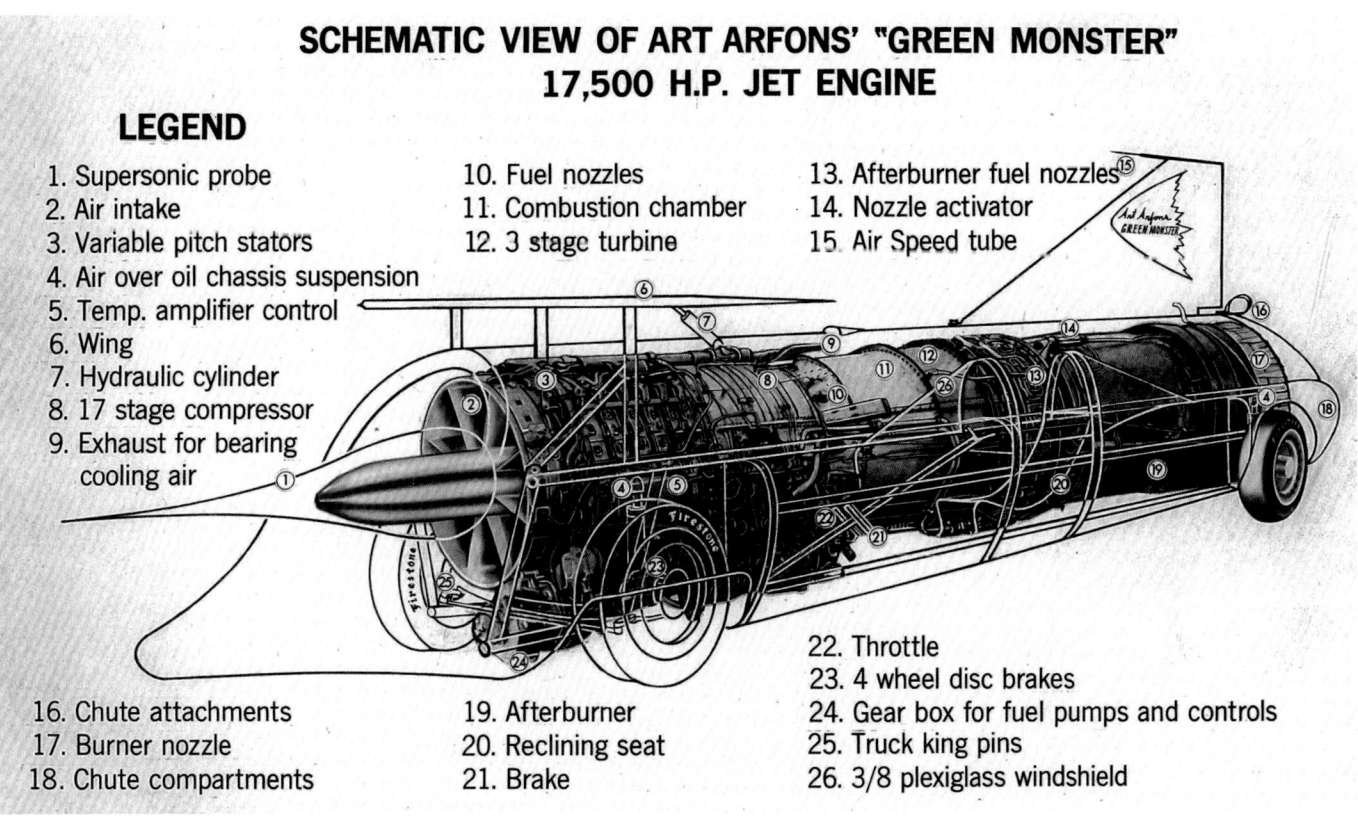

Art Arfons' „Green Monster" unterschied sich deutlich von anderen Rekordwagen. Für den Antrieb diente eine zum Schrott deklarierte General Electric J79-Turbine für das F-4E Phantom-Kampfflugzeug. „Green Monster" besaß einen Fahrer- und Beifahrersitz für zahlungskräftige Sponsoren, die den Ritt auf diesem Feuerstuhl mehr oder minder intensiv genossen.

ideale Piste für Sandsegler und für zukünftige Rekordfahrten, versprach dieser Mensch. Es spricht für Noble, dass er diesen Ratschlag ernst nahm und sich umgehend auf den Weg nach Nevada machte. Was er dort sah, war eine nie zuvor von Rekordwagen befahrene, rund 18 Kilometer lange Piste in einer gottverlassenen Wüstengegend mit einer einzigen menschlichen Ansiedlung: Gerlach. Etwa 300 Menschen leben hier im Outback als Angestellte einer großen Mine. Mittelpunkt von Gerlach ist eine Tankstelle mit Fast-Food-Restaurant. Wider Erwarten nahmen die wortkargen Bewohner den spleenigen Briten und seine Mannschaft freundlich auf. Endlich gab es eine richtige Abwechslung im Dorf. Noble erklärte spontan den tagsüber meist menschenleeren Saloon zu seinem Basis-Hauptquartier für die nächsten, alles entscheidenden Rekordfahrten.

Jetzt trudelten auch die ersten Journalisten und Rennfans in Gerlach ein. Hotel? Fehlanzeige.

Fast ein neuer Weltrekord

Dollar für Dollar schmolzen die Barreserven in Richard Nobles Bordkasse dahin. Unzählige größere und kleinere Schwierigkeiten wie versagende Bremsschirme, aerodynamische Probleme oder nicht genügend Leistung der R&R Avon 302-Gasturbine verhinderten in diesem Spätherbst 1982 einen neuen Rekord. Nur noch ganz wenige standfeste Reporter hielten durch. In einem letzten Alles-oder-nichts-Versuch schoss Noble am 4. November 1982 mit 950 km/h durch die Lichtschranken der Zeitnehmer. Etwa 60 km/h zu wenig für einen neuen Weltrekord, aber schnell genug für Nobles Team, das auseinanderzubrechen drohte.

Art Arfons' Bruder Walt ließ nichts unversucht, um Arts ersten absoluten Weltrekord mit 863 km/h vom Herbst 1965 zu brechen. Der neue, radikal gestylte „Wingfoot Express 2" wurde mit einer Batterie von 15 Feststoffraketen bestückt, die 4.000 Kilopond Schubkraft entwickeln sollten. Walt Arfons wurde von der Polizei auf einer ruhigen Landstraße erwischt, als er seinem Renngefährt zum Test die Sporen gab. Sein Führerschein wurde eingezogen und Walt engagierte einen Fahrer.

Im kommenden Jahr würde man wieder die Messer wetzen.

Nach sechs Jahren endlich am Ziel

Richard Noble hielt Wort. Neben aerodynamischen Änderungen am Unterboden des Rekordwagens lieferte Rolls Royce eine deutlich stärkere Gasturbine von gut 8.000 Kilopond Schubkraft mit zugeschaltetem Nachbrenner ab. Mit diesem Paket trat man im September 1983 optimistisch gestimmt die weite und äußerst kostspielige Reise nach Nevada an. Diesmal sollten die Fehler der vergangenen Jahre vermieden werden, die einen neuen Weltrekord vereitelt hatten. Auf der Piste von Black Rock Desert angekommen, steigerte sich Noble systematisch bei fast jeder

Richard Noble suchte und fand die ideale Rekordpiste im Black Rock Desert im Nordwesten Nevadas. Auf der bretthorten Lehmpiste verbesserte er am 4. Oktober 1983 nach 13 Jahren den absoluten Geschwindigkeitsrekord für Landfahrzeuge auf 1.019,25 km/h. Sein auf den Namen „Thrust 2" getaufter Streamliner wurde von einem stark modifizierten Rolls Royce 302-Jet-Triebwerk mit Nachbrenner angetrieben. Der Rekord wurde offiziell vom Internationalen Automobilverband FIA anerkannt.

Unbeirrbar verfolgte der Brite Richard Noble sein Ziel, Gary Gabelichs offiziellen Weltrekord mit der „Blue Flame" von 1970 zu brechen. Der Rekord stand bei 1.001,45 km/h. Nach zahllosen fehlgeschlagenen Versuchen gelang Noble am 4. Oktober 1983 dieses Kunststück.

Testfahrt auf schließlich 1.002,144 km/h in einer Richtung. Bei der Rückfahrt versagte allerdings der Nachbrenner, und wieder gab es lange Gesichter im Team. Ein neuer Weltrekord zum Greifen nah, und dann diese Enttäuschung. In den nächsten Tagen war an Rekordfahrten nicht zu denken. Wind in Sturmstärke fegte übers Tal und begrub das Camp mit einer zentimeterdicken lehmigen Staubschicht. Die erlösende Wetterprognose fiel auf den 4. Oktober 1983: fast Windstille, ideale Startbedingungen, die Noble konsequent nutzen musste, denn spätestens in einer Woche würde das letzte Sponsorengeld verbraten sein. Bei der Hinfahrt notierten die Zeitnehmer 1.004,403 km/h, die höchste Geschwindigkeit, die der Brite jemals gefahren war. Bei der wesentlich längeren Anlaufstrecke zur Rückfahrt durch die „fliegende Meile" schoss Noble mit 1.034,540 km/h durch die Lichtschranken. Die absolute Höchstgeschwindigkeit fuhr Noble mit 1.046 km/h – eine fantastische Leistung, die Begeisterung unter allen Beteiligten auslöste. Für den Weltrekord gilt die Durchschnittsgeschwindigkeit beider Läufe über einen Kilometer oder über eine Meile. Nach den beiden Läufen standen 1.019,25 km/h im Protokoll der amerikanischen Zeitnehmer – ein neuer absoluter Weltrekord für Noble und sein Team, das mit einer unglaublichen Energieleistung alle Rückschläge der vergangenen neun Jahre überwunden hatte.

Das finale Duell am Black Rock Desert

„Wer vom Weltrekord-Bazillus befallen ist, kommt bis zum Ende seiner Tage nicht davon los." Eine wahre Erkenntnis von Craig Breedlove, der amerikanischen Rekord-Legende. Mit seinen zwei ganz verschieden aufgebauten Boliden, die beide den Namen „Spirit of America" trugen, fuhr er als erster Mensch im Laufe seiner über 30-jährigen Karriere schneller als 400 (640 km/h), dann 500 (800 km/h), und zuletzt 600,601 Meilen pro Stunde (966,36 km/h). Fünf Mal verbesserte Breedlove die bestehenden absoluten Weltrekorde. Jetzt, nachdem der Brite Richard Noble mit seinem Gasturbinenwagen „Thrust 2" mit bis zu 1.046 km/h auf dem Tacho über die braune Lehmpiste des Black Rock Desert gebrettert war, mobilisierte der unverwüstliche Haudegen 1996 mit 59 Jahren auf dem Buckel wieder einmal seine besten Freunde: „Ich entwarf einen Raketenwagen, der genügend Treibstoff für beide Läufe in seinen Tanks haben würde und den vielversprechenden Namen ‚Spirit of America Sonic 1'. Mein realistischer Traum: Zuerst ein neuer Weltrekord, dann zwei Mal durch die Schallmauer innerhalb einer Stunde, so wie es das Reglement verlangt." Die gleiche Aussage konnten die Journalisten schon vor dem Start des Budweiser-Raketenwagens von Stan Barrett vernehmen, dessen Rekordfahrten vom Dezember 1979 nie anerkannt wurden. Breedloves Engagement bedeutet ein hohes Ziel für einen Mann nahe dem Rentneralter, dessen finanzielle Möglichkeiten limitiert sind: „Mindestens drei Millionen Dollar kostet mich das Ding, und pro Tag und Testfahrt muss ich noch einmal 20.000 Dollar hinblättern", erzählte mir Breedlove vor seinem ersten Probelauf mit dem neuen Rekordwagen.

Der Rekordwagen stürzt mit 1.086 km/h auf die Seite

Wie so oft bei derart anspruchsvollen Unternehmungen ging die Rechnung nicht auf. Zuerst beschloss die amerikanische Regierung einen Verkaufsstop für alle Treibstoffe, die für den Raketenantrieb erforderlich sind. Wie beim „Budweiser Rocket" sollte der Raketenwagen mit Wasserstoffsuperoxid befeuert werden. Daraus wurde nichts. Die „Spirit of America Sonic 1" musste grundlegend umgebaut werden. Statt des äußerst kompakten Raketenantriebs musste nun Platz für eine dreifach so schwere und deutlich voluminösere General Electric J79-Gasturbine geschaffen werden, die bislang in einem Jagdflugzeug F4 Phantom Verwendung fand. Breedlove brachte dieses Kunststück fertig und fuhr im Oktober 1996 optimistisch gestimmt nach Gerlach im Black Rock Desert, wo Richard Noble vor 13 Jahren einen neuen absoluten Rekord mit seinem Gasturbinenwagen „Thrust 2" aufstellen konnte. Die Messlatte lag bei

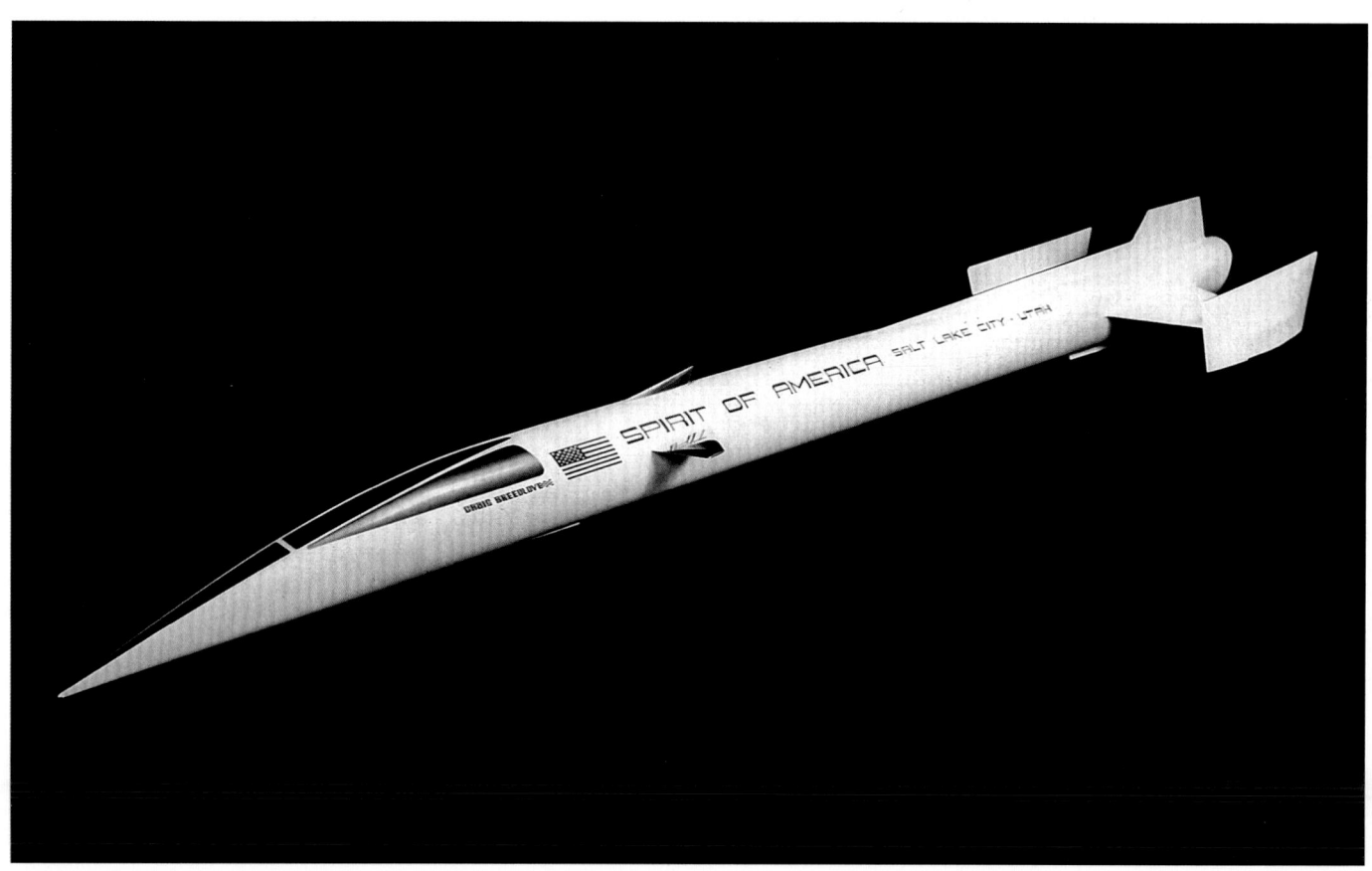

Als ernst zu nehmender Kandidat für einen neuen absoluten Weltrekord meldete sich der unverwüstliche Craig Breedlove 1992 in der Szene zurück. Sein neuester Raketenwagen „Spirit of America Sonic 1" sollte in der Lage sein, regelkonform die Schallmauer zu durchbrechen. Das Foto zeigt das Modell, mit dem Breedlove auf Sponsorensuche für sein Projekt warb.

1.019,25 km/h. Welches Potenzial Breedloves neuer Streamliner haben würde, zeigte sich nach vier Testfahrten mit über 950 km/h. Beim fünften Lauf geriet der Wagen bei etwa 1.086 km/h durch einen plötzlichen Windstoß von der präparierten Lehmpiste ab und schlitterte auf der Seite liegend mehr als drei Kilometer weit über den Wüstenboden. Der Fahrer blieb unverletzt, aber das Fahrzeug war so stark beschädigt, dass weitere Rekordfahrten für dieses Jahr abgesagt werden mussten.

75.000 PS – Wettrüsten ohne Limit

Im nächsten Jahr wollte man in direkter Konkurrenz zum neuesten britischen Rekordwagen, dem „Thrust SSC" (SuperSonicCar) von Teamchef Richard Noble, endlich offiziell die Schallmauer durchbrechen. Noble verzichtete diesmal auf den heißen Sitz in seinem neuen, über 75.000 PS starken Gasturbinen-Rennwagen, der sich grundlegend von allen anderen bisherigen Rekordwagen unterschied. Mit einer Gesamtlänge von 16,49 Metern, einer für Rekordwagen riesigen Breite von 3,66 Metern und einem gewaltigen Gewicht von 10,4 Tonnen sprengte „Thrust SSC" alle bisherigen Dimensionen erfolgreicher Rekordwagen. Zum Vergleich: Craig Breedloves stark modifizierte „Spirit of America Sonic 1" wog nur knapp vier Tonnen bei einer Länge von 13,86 Metern und einer Leistung von circa 48.000 PS. Gesteuert wurde die britische „Thrust SSC", erstmals bei einem Rekordwagen, über die beiden in Längsrichtung hintereinanderangeordne-

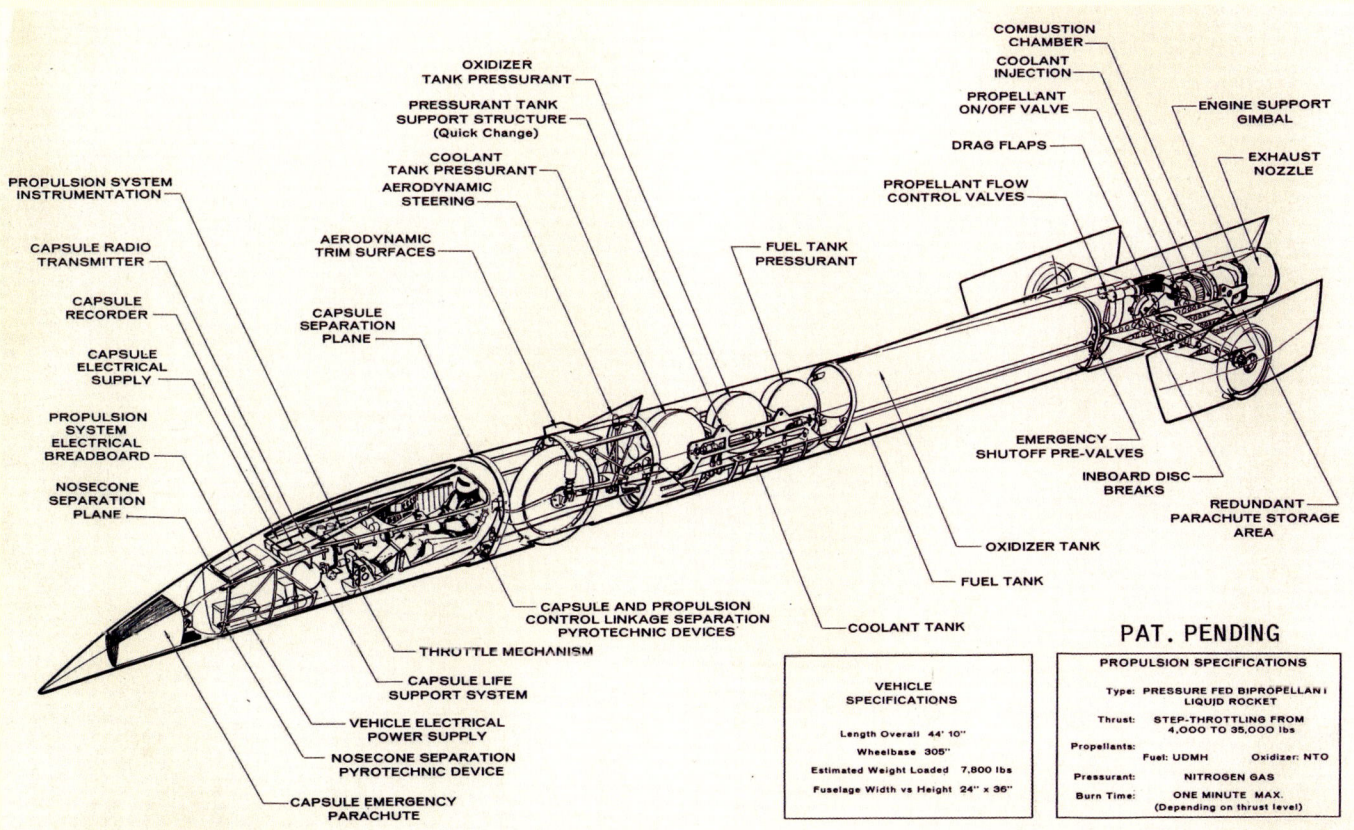

Craig Breedloves Raketenwagen besaß in der vorliegenden Schnittzeichnung eine wegsprengbare Kapsel aus einem F16-Kampfflugzeug. Letztlich scheiterte das Projekt in dieser Ausführung, da die amerikanische Regierung den Verkauf von Raketentreibstoff an Privatpersonen per Gesetz verbot. Breedlove ließ jedoch nicht locker und konstruierte einen neuen Rekordwagen mit Jet-Antrieb.

ten Hinterräder. Die beiden Vorderräder waren nicht steuerbar. Statt einem GE J79-Gasturbinentriebwerk wie bei Breedloves Fahrzeug wurde die „Thrust SSC" von zwei getunten Rolls Royce Spey 205S-Gasturbinen beschleunigt. Beide Fahrzeuge standen auf soliden Aluminiumrädern ohne Gummiauflage, die bis auf einzehntel Gramm genau ausgewuchtet waren.

Stellenangebot:
Suche Fahrer für Überschallfahrzeug
Während der 60 Jahre alte Haudegen Craig Breedlove 1997 nie einen Gedanken daran verschwendete, einen anderen Fahrer als sich selbst für dieses hochgradig gefährliche Unternehmen zu benennen, wählte der Brite Richard Noble einen anderen Weg. Noble war sich darüber im Klaren, dass die zweifache Belastung als Fahrer und Teamchef zu viel Kraft kosten würde. In der heutigen Medienwelt erwarten die Sponsoren eine starke TV-Präsentation, die Millionen Zuschauer erreicht. Während der wochenlangen Testfahrten würde das Interesse an der Story schlagartig gegen Null tendieren, wenn die Presseleute nicht kompetent und rund um die Uhr betreut werden könnten. Noble entschied sich für den Job als Teamchef und heuerte unter 35 Bewerbern für den Fahrersitz Andy Green an. Auf den ersten Blick betrachtet passt Green nicht ins Klischee eines Rennfahrers. Green ist kein Haudegen wie Breedlove, der mit Presseleuten auch mal ein Bier trinkt, nein, er ist ein absolut cooler Pilot der British Royal Air Force und leitet dort eine Jagdfliegerstaffel von Tornado-Kampfjets. Solch ein Mensch leistet sich keine Ausrutscher, er kalkuliert emotionslos die Risiken und führt dann seine Aufgabe konsequent aus. Im Nachhinein betrachtet zog Noble mit Green ein Ass aus dem Ärmel, wie sich nach einigen Testfahrten auf einem ausgetrockneten Salzsee im Mai 1997 in Jordanien schnell herausstellen sollte. Green fuhr hier bei keinesfalls optimalen Bedingungen fast 900 km/h schnell. Alle Experten waren sich einig: Green, der mit einem Sportwagen zuvor nie schneller als 250 km/h gefahren war, ist der richtige Mann für die Fahrt durch die Schallmauer.

Der Gegner steht bereit
Nach einigen wichtigen Modifikationen an den beiden Düsentriebwerken wurde der schwarze „Thrust SSC"-Rekordwagen mit einem Team von 26 Mann zum Black Rock Desert in Nevada verschifft. Hier wartete schon Craig Breedlove auf seinen Gegner, mit ihm zahlreiche Fernsehteams aus England, den USA und auch aus Japan, nicht zu vergessen etwa fünfzig Fotografen und Journalisten. Der kleine Ort Gerlach platzte im Herbst 1997 mit seinen rund 300 Einwohnern aus allen Nähten. Kurzfristig stieg die Zahl der Menschen in dem Wüstenkaff auf über 5.000 an, denn nicht nur die Medien und auch der Autor dieses Buches waren zur Stelle: Heerscharen von „angefixten" Rennfans wollten miterleben, wie ein Landfahrzeug mit einem riesigen Knall durch die Schallmauer rast. „Hier geht's fast zu wie beim letzten Goldrausch", meinte ein alter Herr auf seiner Terrasse, als er das ungewohnte Getümmel erblickte.

Das lange Warten auf den großen Knall
„Nur Lieschen Müller glaubt, dass die Fahrt durch die Schallmauer eine reine Mutsache sei. Hinter diesem Projekt stecken Jahre harter Arbeit und sehr wenig Schlaf." Teamchef Richard Noble war dafür verantwortlich, dass im Laufe der nächsten Wochen die Rekordpiste unzählige Male „glattgebügelt" werden musste, denn fast jeden Tag fegten gegen Mittag kleinere und größere Sandstürme durch das thermisch aufgeheizte Tal. Der Sand bildete oft kaum sichtbare Sprunghügel, die bei einem Tempo von 1.000 km/h ein tödliches Risiko bedeuten würden. Zusammengezählt kamen so 340 Meilen „Straßenreinigung" beim

Walt Arfons' Raketenwagen „Wingfoot Express 2". Ohne den nötigen Enthusiasmus und die richtigen Geldgeber ist jedes Rekordunternehmen zum Scheitern verurteilt. Die Reifengiganten Firestone und Goodyear sprangen auf den Zug auf und versorgten die Brüder Art und Walt Arfons mit den neuesten Pneus, die auch Tempo 1.000 meistern würden. Rechts steht Testfahrer Bobby Tatroe, links Walt Arfons. Letztlich scheiterte das ganze Projekt, weil die Schubkraft nicht ausreichte.

britischen Thrust SSC-Team zustande. Vor jedem Testlauf mussten auch die Streckenmarkierungen für die offizielle Zeitnahme neu gesetzt werden, die vom Sand verschluckt wurden. Das englische und das amerikanische Team entschieden sich für eine faire Arbeitsteilung. Man würde abwechslungsweise die Strecke präparieren und anschließend einen weiteren Testlauf wagen. Eine nervenzermürbende Sache, auch für die Berichterstatter. Nach 43 Testläufen, mit Betriebskosten von jeweils 20.000 bis 33.000 Dollar für Noble und Craig Breedlove pro Tag, verkündeten die acht amerikanischen Zeitnehmer 791 km/h als bislang schnellste Fahrt von Andy Green: Eine lächerliche Geschwindigkeit, wenn man mindestens 1.200 km/h schnell sein muss, um die Schallmauer zu durchbrechen. Bis auf eine Fernsehstation waren die meisten Berichterstatter inzwischen frustriert abgereist. In ganz kleinen Schritten rückte Green seinem ersten Ziel, dem neuen Weltrekord, dennoch näher. Bei Lauf 54 glückte endlich das erste Erfolgserlebnis mit dem neuen Weltrekord von 1.179,52 km/h, aber damit war Green immer noch meilenweit entfernt von der Fahrt durch die Schallmauer. Vom 39. Testlauf am 8. September 1997 bis zum neuen Weltrekord beim 54. Lauf vergin-

Weltrekorde

Auch Testfahrten mit relativ geringen Geschwindigkeiten können tödlich enden. Wegen eines Fahrfehlers seines australischen Piloten geriet das auf einen neuen Geschwindigkeitsweltrekord konzipierte Raketenfahrzeug „Courage of Australia" bei einer Testfahrt mit weniger als 450 km/h von der Fahrbahn ab. Für den Fahrer kam jede Hilfe zu spät.

gen 17 lange Tage und kurze Nächte, denn die Fahrt durch die Schallmauer sollte bei Windstille im Morgengrauen stattfinden.

Neuer Tiefschlag für Craig Breedlove

Für den Amerikaner Craig Breedlove war zu diesem Zeitpunkt das Rennen fast schon gelaufen. Sowohl technische wie auch persönliche Probleme mit ausstehenden Sponsorengeldern lähmten seinen Elan. Freimütig bekannte er mir bei einem Gespräch: „Mit 60 Jahren fehlt einem doch etwas für eine solch einmalige Sache wie die Fahrt durch die Schallmauer." Nachdem sein Konkurrent an drei Tagen mehr als 250 km/h schneller unterwegs war, strich Breedlove die Segel und ward nur noch als Zuschauer auf der Rennpiste gesehen. Andy Green wollte in den weiteren Testläufen mit 1.000 km/h auf dem Tacho eine wissenschaftliche Aufgabe erfüllen. Manche Journalisten sahen darin eine militärische Aufgabe, die er mit Anstand erledigen würde. Sich selbst sah Green nur als Teil des Teams: „Bei fast jedem Lauf bekommst du neue Erkenntnisse, auf die das Team reagieren muss. Zweimal verbrannten Teile der Bremsschirme durch eine nicht ganz perfekte Abdeckung des Nachbrenners, und ich schoss kilometerweit über die Piste hinaus. Dann überhitzte der Bordcomputer, und ich musste den Lauf abbrechen. Bei anderen Läufen arbeiteten die Nachbrenner nicht korrekt, und wir verloren dramatisch an Leistung. Bei einem Lauf verpassten wir einen neuen Weltrekord wegen einer Zeitüberschreitung von

Amerikas Rekordfahrer-Legende Craig Breedlove stürzte sich fast im „besten Rentenalter" in ein neues Abenteuer: Die Fahrt durch die Schallmauer sollte für den 60-Jährigen zum Höhepunkt seiner Karriere werden. Im Herbst 1997 brachte er seinen komplett neu konstruierten Gasturbinen-Rekordwagen „Spirit of America" auf die von Sandstürmen glattgebügelte neu entdeckte Rekordpiste im Black Rock Desert in Nevada. Dort wartete das britische Thrust SSC-Team schon auf den populären Haudegen.

Weltrekorde

Schon am Vormittag entwickeln sich im Black Rock Desert die ersten thermisch bedingten Starkwinde, die sich innerhalb von weniger als einer Stunde zum ausgewachsenen Sandsturm ausbilden können.

Die Wüste wehrt sich vehement gegen die Rekordfahrer. Tagelang verhinderten Sandstürme ernst zu nehmende Testfahrten. Das Foto zeigt das Fahrerlager von Craig Breedlove. Die Sicht geht bald auf Null zurück.

Craig Breedloves Rekordwagen „Spirit of America". Durch sämtliche Ritzen dringt der Sand in die Hallen und bedeckt alles mit einer dicken Schicht aus Staub und Sand, die vor jeder neuen Testfahrt entfernt werden muss. Der absolute Albtraum für jeden gewissenhaften Mechaniker.

Das finale Duell am Black Rock Desert

Ein Bild fast wie zu der Zeit der Goldgräber. Nur etwa 300 Einwohner leben in Gerlach, der größten Ansiedlung im Black Rock Desert. Die Tafel zeigt den Stand der Rekordfahrten an: Craig Breedloves „Spirit of America" wurde bislang mit 391 mph (629,119 km/h) gezeitet, bei Andy Greens „Thrust SSC"-Streamliner standen 714 mph (1.148,826 km/h) im Protokoll. Zu wenig für einen neuen Rekord – noch hielt die Schallmauer stand.

zehn Sekunden beim zweiten entscheidenden Lauf. Ich könnte dir noch weitere Vorfälle nennen, die nicht vorhersehbar waren und die Fahrt durch die Schallmauer hinauszögern werden. Aber ich bin mir sicher, wir schaffen es!"

Die Schallmauer fällt – und doch kein Rekord

Am Montag, dem 13. Oktober 1997, rast Andy Green mit über 1.200 km/h durch die Schallmauer. Noch im zehn Kilometer entfernten Gerlach hören die Bewohner einen dumpfen Knall, der sich am Black Rock Gebirge bricht. Dann ist wieder Stille im Outback, als sei nichts gewesen. Nach einer knappen Stunde knallt es wieder. Green fährt zum zweiten Mal durch die Schallmauer. Jubelschreie bei den Zuschauern, versteinerte Mienen bei der so tapferen britischen Thrust SSC-Mannschaft. Die internationalen Zeitnehmer geben bekannt: „Zeitüberschreitung von 50 Sekunden innerhalb der Ein-Stunden-Frist, der Rekord wird nicht anerkannt!" Zwei Tage später

Seite 102: Rekordfahrten sind kein Zuckerschlecken. Mitten in der Nacht wird Craig Breedloves fast 13 Meter lange „Spirit of America" aufgetankt und startfertig gemacht. Beim ersten Tageslicht muss die 18 Kilometer lange Strecke überprüft und von den Resten des letzten Sandsturms befreit werden. Danach wird das achtköpfige Team der Zeitnehmer zu den Messpunkten kutschiert. Nun folgt die Verteilung der Rettungskräfte auf den strategisch wichtigen Punkten. Gegen sieben Uhr morgens erfolgt dann der Start zur nächsten Testfahrt, wenn der auffrischende Wüstenwind nicht zu stark ist.

steht der schwarze Rekordwagen wieder an der Startlinie. Ein idealer Tag für eine Rekordfahrt. Fast Windstille, Lehmpiste in optimalem Zustand. Ein letztes Mal kontrollieren die erfahrenen Zeitnehmer ihre Lichtschranken und verkriechen sich dann in ihren gepanzerten Beobachtungsstand. Über der Rekordpiste kreisen zwei englische Ultralight-Flugzeuge zur Streckenkontrolle, um sicherzustellen, dass sich kein anderes Fahrzeug in der Nähe der Rekordpiste aufhält. Ein Hubschrauber-Einsatz hätte Unsummen im knappen Etat der Briten verschlungen. Am Ziel der 21 Kilometer langen Rekordpiste wartet die Servicemannschaft. Sie wird den Rekordwagen nach der ersten Fahrt auftanken, neue Bremsschirme installieren und den Wagen für die Rückfahrt umdrehen. Das dauert volle zwanzig Minuten! Wir Journalisten ziehen uns auf eine kleine Anhöhe zurück, die einen sicheren Standpunkt für Film- und Fotoaufnahmen mit Blick auf die Messstrecke gewährt. Mit einem Tempo von über 1.200 km/h legt dieser Düsenjäger ohne Flügel pro Sekunde etwa 420 Meter zurück. „Bei einem technischen Defekt bleiben uns gerade mal zwei Sekunden für den schnellen Abgang", verkündet ein amerikanischer Kollege lapidar. Die Optimisten halten dagegen: „32-mal fuhr Andy Green bislang schneller als 1.000 km/h. Kein anderer hat die Sache so im Griff wie Andy."

Das Finale

Alles geht gut. Andy Green donnert an diesem 15. Oktober 1997 fast gespenstisch schnell mit weit über 1.200 km/h an uns vorbei. Wir sehen den schwarzen Boliden mit einer riesigen Staubfahne hinter sich, aber hören ihn nicht. Erst Bruchteile später folgt der Knall wie bei einem schweren Gewitter. Ein realer Spuk in der Wüste, von Menschen erzeugt. Etwas historisch Einmaliges konnten wir hier erleben. Fast auf den Tag genau, am 14. Oktober 1947, flog vor fünfzig Jahren Chuck Yaeger als erster Mensch schneller als der Schall. Seine Bell X-1 war ein Raketenflugzeug, das von einem B52-Langstreckenbomber in über 10.000 Meter Höhe ausgeklinkt wurde. Jetzt war Green das gleiche „Experiment" auf dem Land gelungen. Zwei Mal innerhalb einer Stunde. Wir Journalisten sind einfach sprachlos nach dieser unglaublich spannenden

Der 16,49 Meter lange britische Rekordwagen „Thrust SSC" von Andy Green unterscheidet sich grundlegend von allen anderen, bislang erfolgreichen Streamlinern. Zwei riesige Rolls Royce Spey 205 Jets sorgen mit ihren Nachbrennern für 75.000 bis 100.000 PS. Gesteuert wird der 10,2 Tonnen schwere Koloss mit zwei hintereinanderliegenden Rädern aus Aluminium.

Nur wenige Pressevertreter glaubten nach den wochenlangen Testfahrten noch an den Durchbruch der Schallmauer durch das amerikanische oder britische Team. Das lange Warten auf den Erfolg vor aller Augen führte bei der Boulevardpresse zu hämischen Kommentaren und bei beiden Teams zu akuter Geldnot.

Um die Zuschauer und Medienvertreter bei Laune zu halten, organisierten Craig Breedlove und das britische Thrust SSC-Team eine tägliche Pressekonferenz, bei der der Konstrukteur und Chef-Aerodynamiker von British Aerospace, Ron Ayers (mit weißem Hut), Rede und Antwort stand. Rechts im Bild Andy Green, wie immer sehr nachdenklich und weit entfernt von launigen Sprüchen.

Fahrt. Niemand jubelt, alle stehen ergriffen da, weil dieser introvertierte, ja eher schüchterne Rennfahrer etwas kaum Fassbares vollbracht hat. Über das Streckenradio erfahren wir: „Die höchste Geschwindigkeit der ‚Thrust SSC' betrug 1.258,82 km/h. Im Durchschnitt beider Läufe über jeweils eine Meile Distanz fuhr Andy Green 1.203,71 km/h oder Mach 1.007. Gratulation." Ganz langsam löst sich die Anspannung bei mir und den Kollegen, wir liegen uns in den Armen, denn uns ist klar: Dieser Rekord ist wohl für die Ewigkeit, und wir waren dabei.

Weltrekorde

Der Brite Andy Green passt nicht in das Genre der bisherigen Weltrekordhalter. Kein kumpelhafter Typ wie Craig Breedlove oder Gary Gabelich, sondern ein kühl wirkender Staffelkapitän der Royal Air Force, der allen Widrigkeiten zum Trotz die Schallmauer mit seinem „Thrust SSC" knacken wollte. Genau der richtige Mann für dieses lebensbedrohliche Unternehmen.

Das finale Duell am Black Rock Desert

Ein historischer Moment. Die Schallmauer fällt gleich zwei Mal. Es ist der 15. Oktober 1997. Zwei Mal innerhalb einer Stunde rast Andy Green mit seinem britischen „Thrust SSC"-Gasturbinenwagen mit Mach 1,007 durch die Schallmauer. Die Durchschnittsgeschwindigkeit beider Läufe über jeweils eine Meile beträgt 1.203,71 km/h. Die acht offiziellen Zeitnehmer registrieren am letzten Messpunkt eine maximale Geschwindigkeit von 1.258,82 km/h. Nie zuvor und nie danach fuhr ein Mensch schneller über unsere Erde.

Dragster

Feuerstühle – 402 Meter bis zum Ziel

6.000 PS starke Kompressormotoren, Düsentriebwerke oder Raketen – ihnen ist jedes Mittel recht. Sie wollen schneller sein als der Gegner. Die Viertelmeile ist das Maß aller Dinge für Dragster-Rennen. Die Viertelmeile, 402 Meter, ein Stück Weg, das es den Amerikanern angetan hat. Gebeutelt und genervt vom immer diktierten Speed Limit, derzeit zwischen 85 und 105 km/h, machten sich die Jungs in den 1950er-Jahren einen Spaß daraus, mit ihren Hot Rods möglichst schnell von Ampel zu Ampel zu kommen. Was zählte, war allein die Beschleunigung, denn die war nicht limitiert. Das Dragster Racing war geboren, und bis heute werden Dragster rund um den Globus per Ampel gestartet. Inzwischen müssen allerdings Millionen Dollar investiert werden, allein um eine Hundertstel Sekunde schneller an der Lichtschranke beim Ziel zu sein – der zu sein, auf dessen Seite die Anzeigetafel blinkt. Bis auf eine tausendstel Sekunde genau wird gemessen, denn eines ist nicht nur in Amerika klar: Richtig Geld gibt es nur für den Sieger. Wer hinterherfährt, ist lediglich um eine bittere Erfahrung reicher.

Showdown in der Nacht

Das gilt erst recht für die absoluten Publikumslieblinge, die Jet und Rocket Cars. Sie sind die Sensationsdarsteller bei Dragster-Rennen. Sie treten meist allein auf, ohne Konkurrenz, aber mit einem Stab von fünf Helfern und dem nötigen Showeffekt. Nur bei ganz wenigen Großveranstaltungen, wie dem Rocket Car Festival in Moroso/Florida, fahren jeweils zwei Jets gemeinsam auf der Rennstrecke, side by side – Mann gegen Mann. Nur jeweils zwölf Meter breit ist die Piste, zwölf Meter, die bei über 500 km/h höllisch eng werden. 16 Fahrer werden sich hier um den Preisgeldtopf raufen. 25.000 Zuschauer starren jetzt gebannt auf die beiden Jet Dragster, die sich mit ohrenbetäubendem Kreischen der über 16.000 PS starken Gasturbinen zur

Für die Amerikaner ist eine gute Show mindestens so wichtig wie eine neue Bestzeit. Dieser War Wagon Jet Dragster gefällt den Kindern besonders gut, weil er einem Baukastenmodell nachempfunden wurde. Seine Spitzengeschwindigkeit: 465 km/h.

Bild oben: Der spektakuläre Start eines amerikanischen Funny Car Dragsters mit Rückstoßantrieb. Die Aufnahme entstand bei dem bedeutendsten Rennen der Saison, den Jet Car Nationals im Moroso Motorsports Park in Florida. In knapp fünf Sekunden rast dieser Funny Car mit 496 km/h über die Ziellinie.
Bild unten: Kurz vor dem Start. Nur in den USA treten zwei Dragster mit Jet-Antrieb gemeinsam gegeneinander an. Die schiere Kraftentfaltung eines Feuer speienden, 10.000 PS starken Jet-Triebwerks versetzt jeden Zuschauer in atemlose Spannung. Aus Sicherheitsgründen darf bei europäischen Rennen immer nur jeweils ein Wagen mit Gasturbinenantrieb starten.

Das funktionelle Cockpit eines Jet Dragsters. Das Lenkrad kippt sofort etwas auf die Seite, wenn der Wagen die Geradeausspur verlässt.

Dragster

Eine 12.000 PS starke Westinghouse-Gasturbine in einem Sling Shot Dragster. Die amerikanische National Hot Rod Association (NHRA) schreibt minutiös vor, welche technischen Voraussetzungen für einen Start erforderlich sind. Vorschrift sind auch zwei spezielle Bremsschirme, die in den beiden seitlichen Rohren verstaut werden.

Startlinie vortasten. Aus dem Heck lodern zwanzig Meter lange Flammen, die vom Donnern des Nachbrenners begleitet werden. Ein Spektakel der Sonderklasse, besonders bei Nacht. Das eigentliche Rennen Mann gegen Mann ist eine Sache von knapp fünf Sekunden. Der Sieger gewann mit drei tausendstel Sekunden Vorsprung, acht Fahrer blieben in den Qualifikationsläufen fürs Finale innerhalb einer zehntel Sekunde. Der Ritt auf dem gut 500 km/h schnellen Feuerstuhl fasziniert in jeder Hinsicht, weil die Gefahr auch für jeden Zuschauer spürbar ist.

Keine Zeit für Ängste

Der kleinste technische Defekt kann zur Katastrophe führen, so wie ein Reifenschaden in der besonders kritischen Phase zwischen 400 und 500 km/h. Da hilft kein Gegensteuern oder Bremsen mit den überdimensionierten Scheibenbremsen, nur der Bremsschirm kann das Schlimmste eventuell verhindern. Er stabilisiert das Fahrzeug weitaus besser als jede Korrektur an der Lenkung oder den Bremsen. Diesmal ging alles gut. Keiner der Fahrer erlitt einen Blackout durch die brachialen Kräfte, die beim Beschleunigen auf den Mann am Steuer einwirken. Die Spitzenwerte liegen im Bereich von vier bis fünf G! Astronauten müssen beim Start ihrer Weltraumraketen deutlich weniger aushalten. Die amerikanischen Fahrer bekommen nur dann eine Lizenz für Gasturbinen-Fahrzeuge, wenn sie vorab die strengen Testkriterien für Düsenjäger-Piloten erfüllen konnten. Ein absoluter Härtetest in der Zentrifuge.

"Arizona Outlaw" startet im Showprogramm bedeutender Dragster-Rennen. Eingebaut ist eine 7.000 PS starke General-Electric-Gasturbine, die für eine Endgeschwindigkeit von 460 km/h sorgt.

Auch die fragilen Bremsschirme hielten beim Rennen von Moroso stand. Vor zwanzig Jahren, als die ersten Jet Dragster von Tommy Ivo entwickelt und gefahren wurden, kam es immer wieder zu spektakulären Unfällen durch verbrannte Bremsschirme. Ivo überlebte selbst drei schwere High-Speed-Unfälle. Auf dem Krankenbett entwarf er die ersten weitgehendst feuerresistenten Bremsschirme, die heute Vorschrift sind. Weil ein System unter ungünstigen Bedingungen versagen kann, sind seit etwa zehn Jahren zwei Bremsschirme bei Jet Dragstern vorgeschrieben. Wie sicher ein Jet Dragster letztlich für den Fahrer und die Zuschauer ist, muss jeder für sich selbst entscheiden. Beim bedeutendsten Dragster-Rennen Europas, den NitrOlympX in Hockenheim, kann man seit einigen Jahren Mitte August Jet Dragster bei Nacht bewundern. Eine wirklich grandiose Show, die kein Zuschauer jemals vergisst.

Fast so schnell wie eine Kugel

Eine Rakete auf vier Rädern ist „Vanishing Point". Kein anderes Fahrzeug beschleunigt besser als dieser Funny Car Dragster mit seinem etwa 25.000 PS starken Raketenmotor. Sammy Miller ist Versicherungsvertreter aus New Jersey und absoluter Rekordhalter über die Viertelmeile. „Vanishing Point" beschleunigt von Null auf 100 km/h in 0,31 Sekunden, ein Formel-1-Rennwagen braucht dafür etwa 2,3 Sekunden. Nach 0,36 Sekunden liegen 161 km/h an. Die Ziellinie der 402 Meter langen Dragster-Strecke passiert Miller nach 3,58 Sekunden und einer Spitzengeschwindigkeit von 621 km/h. Würde Miller nach der Zieldurchfahrt von 402 Metern auf dem Gas bleiben, wären 850 km/h ein realistischer Wert innerhalb von 1.000 Metern, sofern es die Reifen und die Bremsschirme aushalten würden, erzählte uns Miller bei einem Interview.

Der Ritt auf dieser Kanonenkugel erfordert auch von den Zuschauern volle Konzentration. Wer nicht aufpasst, verpasst die ganze Show. Schon der Start ist etwas ganz Besonderes. Statt durchdrehender Reifen, brüllender Kompressormotoren und feuerspeiender Jets steht „Vanishing Point" regungs- und geräuschlos an der Startlinie. Totenstille auf den Tribünen. Jetzt springt die Startampel auf Grün. Weißer Wasserdampf schießt aus dem Heck und auf einen Schlag ist der silberne Raketenwagen weg – ansatzlos und fast geräuschlos.

„Arizona Outlaw" beim Start. Nur wenn der Nachbrenner zugeschaltet ist, schlägt Feuer aus dem Austrittsrohr. Der Fahrer sitzt ganz außen auf der Seite, weil die kochend heiße Jet-Turbine fast den gesamten Innenraum benötigt.

Schemenhaft erkennt man am Ende der Zielgeraden zwei rote Bremsschirme, dann ist der Spuk vorbei. Sammy Miller und sein „Vanishing Point" lassen 15.000 Zuschauer sprachlos zurück. „Vanishing Point" ist nicht der einzige Dragster mit Raketenantrieb, aber er ist der Schnellste der Schnellen bei Dragster-Rennen. Es gibt Raketenantriebe von der Größe einer Faust, die schon über 500 PS abgeben. Bei dem Versuch, die Schallmauer zu durchbrechen, wurde der Budweiser-Raketenwagen von Hal Needham mit einem 48.000 PS starken Raketenmotor bestückt. Dieser Raketenmotor war nur halb so groß wie ein Kühlschrank.

Unlimitierte Leistung

Das Triebwerk für alle Raketenfahrzeuge besteht im Prinzip immer aus den drei gleichen Komponenten: Treibstoff, Förder- und Kontrollsystem sowie Motorsteuerung. Als Treibstoff dient Wasserstoffperoxid mit etwa 95-prozentiger Reinheit, das reicht. Weitere Stoffe sind zur Kraftentfaltung nicht notwendig. Wasserstoffperoxid ist eine Flüssigverbindung, die viel zu harmlos erscheint, um eine Rakete zu befeuern. Es ist klar und geruchlos, nicht brennbar und explodiert nicht, ist weder giftig noch verdunstet es. In fünfprozentiger Verdünnung verwandelt es brünette Frauen in strahlende Blondinen. Aber Wasserstoffperoxid wird von den meisten Materialien, die mit ihm in Verbindung kommen, sofort in seine Bestandteile zerlegt: Wasser und Sauerstoff. Dabei entsteht Hitze, und diese Hitze wiederum wandelt der Raketenmotor in Kraft um. Weil Wasserstoffperoxid so leicht mit heftiger Reaktion in seine Bestandteile zerfällt, darf kein Material, das damit in Berührung kommt, mit ihm reagieren. Tank und Treibstoffleitungen bestehen deshalb immer aus hochwertigstem Edelstahl. Geringste Spuren von Öl, Fett und anderen organischen Stoffen sind absolut tabu. Selbst Fingerabdrücke sind kritisch.

Entsprechend vorsichtig wird der Treibstoff in den Tank gefüllt, das Förder- und Kontrollsystem übernimmt ihn von dort. Dieses besteht aus einem Tank für Stickstoffgas, den Förderleitungen, einem Stickstoff-Druckregulator, einer Sprengmembran und einem Drosselventil. Die Sprengmembran ist eine Sicherheitseinrichtung, die das Stickstoffgas ins Freie entweichen lässt, wenn der Druckregulator ausfällt. Wird der Raketentrieb gezündet, entstehen Hitze und Druck. Reiner Wasserdampf und Sauerstoff pressen sich mit ungefähr 4.800 km/h durch die Raketendüse und sorgen damit für einen Schub, der solange anhält, wie der Fahrer es wünscht. Reguliert wird die Schubkraft über ein Kugelventil, das die Treibstoffzufuhr regelt. Raketenfahrzeuge können deshalb auch ganz langsam bewegt werden. Weil Wasserstoffperoxid chemisch gewonnen wird und somit im Gegensatz zu Erdöl auch in 200 Jahren in unbeschränkter Menge vorhanden sein kann, ist es nur noch eine Frage der Zeit, bis mit Wasserstoff angetriebene Personenwagen, Busse und auch Rennfahrzeuge ein neues Kapitel der Fortbewegung eröffnen.

Die beste Show liefern die Jet Dragster bei Dunkelheit. Für den Fahrer bedeutet der nächtliche Start eine besonders hohe Anspannung, denn die Sichtverhältnisse sind äußerst bescheiden, wenn das Fahrzeug mit 500 km/h über die nur schwach beleuchtete Ziellinie rast.

Jet-Car-Profis brauchen starke Nerven, besonders bei Nacht. Im Cockpit herrscht drangvolle Enge, schriller Lärm und eine mörderische Hitze, wenn das bis zu 12.000 PS starke Triebwerk gezündet wird.

Mehr als heißer Qualm – der Burn out

Eine tausendstel Sekunde entscheidet über Sieg oder Niederlage. Ein Wimpernschlag nur, und das Rennen ist entweder gewonnen oder verloren. Die Vorbereitung zum eigentlichen Start ist deshalb für die Insider der Szene von entscheidender Bedeutung. Hier erfreut der spektakulär aussehende Burn out, das Aufheizen der Hinterrad-Reifen, jeden Motorsport-Begeisterten. Unter einer riesigen Qualmwolke aus verbranntem Reifengummi, einem Gemisch aus Wasser und einem Klebstoff sowie Teerpartikeln erhitzen sich die profillosen Slickreifen auf eine Temperatur von 90 bis 100 Grad. Nur so sind maximale Beschleunigungswerte nach der Startfreigabe realisierbar, denn kalte Reifen verzahnen sich nur schlecht im Asphalt. Nach dem Burn out rollen beide Fahrzeuge rückwärts zurück hinter die Startlinie. Dazu bedient sich der Fahrer eines Helfers, der ihn zentimetergenau auf seinen Startplatz einweist. Mit dem bloßen Auge würden sich Fehler im Ausrichten des bis zu zehn Meter langen Dragsters einschleichen. Als Hilfsmittel dienen Stage Lights, genau positionierte Lichtschranken, die absolut exakt das Fahrzeug an der Startlinie ausrichten.

Jetzt steht unser Dragster vor der Startampel, dem Christmas Tree. Dieser moderne „Christbaum" ist eine Ampelanlage, die mit fünf Lichtern bestückt ist. Die ersten drei gelben Lichter leuchten kurz vor der Startfreigabe durch die grüne Ampel gleichzeitig auf. Zwischen dem gelben und dem grünen Startlicht vergehen circa 0,4 Sekunden. Durch den Starter kann das grüne Startlicht aus dem Takt gebracht werden und einen Sekundenbruchteil früher oder etwas später aufleuchten. Verlässt einer der beiden Fahrer die Startlinie vor dem Aufleuchten der grünen Ampel, registriert die Lichtschranke diesen Fehler und signalisiert augenblicklich das Red-Light, die rote Ampel. Hier gibt es kein Pardon, der Rotlicht-Fahrer scheidet

Den stärksten amerikanischen Funny Car Dragster mit Jet-Antrieb fährt derzeit Lou Sattelmaier. Spitze: 505 km/h. Bis zu 16.000 PS soll die Gasturbine mit Nachbrenner hergeben. Die riesige Feuerwolke entsteht durch das zusätzliche Einspritzen von Treibstoff in die Brennkammer.

durch seinen Früh- oder Fehlstart aus dem Rennen aus.

Nur die Zeit zählt

Weitere Messpunkte durch fest installierte Lichtschranken entlang der 402,33 Meter langen Strecke zeichnen Geschwindigkeit und Zeit von beiden Fahrzeugen auf. Der erste Messpunkt liegt bei 60 Feet, knapp 20 Metern, dann bei 330 Feet, etwa 110 Metern, und bei 1.000 Feet, 330 Metern. Für den Fahrer und seine Boxencrew sind diese Messpunkte wichtig, denn alle noch so potenten Dragster beschleunigen je nach Beschaffenheit der Strecke, dem Zustand der Reifen und der zur Verfügung stehenden Motorkraft unterschiedlich schnell. Auf den letzten 66 Feet, 22 Metern, bis zum Ziel werden von zwei Lichtschranken noch die maximale Top Speed und die alles entscheidende Zeit zwischen der Startfreigabe und dem

Amerikas berühmtester Fahrer in der Klasse der Jet Dragster ist Tommy Ivo, der zusammen mit Roger Gustin die ersten Jet Dragster Amerikas kreierte. Er überlebte einige schlimme Unfälle. Diese Unfälle brachten ihm seinen Spitznamen ein: TV-Ivo.

Mehr als heißer Qualm – der Burn out

Wer einen Jet Dragster fährt, hat die höchsten Sicherheitsvorschriften einzuhalten. Der Fahreranzug mit zweifacher Unterbekleidung besteht aus weitgehendst feuerfestem, mehrschichtigem Material. Selbst die Unterhose muss aus feuerfestem Stoff sein. Deutlich sichtbar ist die stoßabsorbierende Halsstütze. Auch der Sturzhelm und die Arme werden mit starken Bändern am Fahrzeugrahmen befestigt, damit ein seitlicher Überschlag glimpflicher ausgehen kann.

Der einzige Jet Dragster mit zwei je 9.000 PS starken Gasturbinen konnte die bisherigen Rekordzeiten der einmotorigen Dragster noch nicht knacken. Leistungsmindernd wirken sich das höhere Gewicht und die schlechtere Aerodynamik aus.

Zieleinlauf gemessen. Nur diese Zeit zwischen Start und Ziel zählt für den Sieg oder die Niederlage. So kommt es immer wieder vor, dass der zweitplatzierte Fahrer unter Umständen auf den letzten 22 Metern eine höhere Zielgeschwindigkeit als der Sieger fuhr und trotzdem das Rennen verlor.

Nach dem Zieldurchgang mit teilweise über 500 km/h – ein Formel-1-Rennwagen fährt zum Vergleich maximal 370 km/h schnell – muss der Fahrer eine kontrollierte Bremsung einleiten. Auch die besten Scheibenbremsen würden bei diesen Geschwindigkeiten kollabieren, und das Ende der Strecke wäre in Sekunden überschossen. Für den Fahrer baut sich in diesen Sekunden eine „Wand" auf, die er unter keinen Umständen durchbrechen darf. Hier kann nur ein Bremsschirm das Schlimmste verhindern. Ein Bremsschirm allein könnte aber versagen, zwei Bremsschirme minimieren das Risiko und stabilisieren das Fahrzeug so weit, dass bei circa 250 km/h die hinteren Scheibenbremsen bis zum endgültigen Stopp eingesetzt werden. Der Gewinner richtet nun sein Fahrzeug für den nächsten Qualifikationslauf her, der Verlierer packt seine Sachen zusammen und fährt nach Hause.

Ordnung muss sein

Faire Zweikämpfe auf der Rennstrecke sind ohne ein festes Reglement pure Illusion. Zu viel Geld und persönlicher Einsatz stehen für die Fahrer auf dem Spiel, denn jeder möchte gewinnen. Damit alles seine Ordnung hat, bedarf es einer straffen Organisation, die von der National Hot Rod Association (NHRA) in Riverside/Kalifornien gestellt wird. Ihr 150 Seiten starkes Rule Book sorgt für die nötige Chancengleichheit beim Material und dem Reglement.

Al Hannas Funny Car Dragster mit Jet-Antrieb wird für einen neuen Start vorbereitet. Die sorgfältige Kontrolle der Befestigungspunkte für die beiden Bremsschirme ist besonders wichtig, da nur sie den 500 km/h schnellen Boliden nach dem Zieldurchgang stabilisieren und abbremsen können. Der Auslauf beträgt auf manchen älteren Dragster-Pisten nur 500 Meter.

Dragster

Amerikas schnellster Jet Dragster ist im Vergleich zu anderen Sling Shot Dragstern schlanker und deutlich leichter. Vom Start weg beschleunigt „California Smokey" mit durchschnittlich einer Sekunde pro 100 km/h auf 510 km/h Zielgeschwindigkeit.

Der Großteil dieser technischen Vorgaben wird eins zu eins auch in anderen Ländern umgesetzt. In Europa wacht der Automobil-Weltverband FIA in Paris seit 1995 über die Europameisterschaft der drei wichtigsten Klassen: den Top Fuel Dragstern, den Funny Cars und den Pro Mod Cars. Neben diesen drei Profiklassen gibt es eine Vielzahl von reinen Amateur-Klassen, die vom straßentauglichen Personenwagen, den Street Cars, bis zum 50 Jahre alten Oldtimer Dragster reichen. Diese kampferprobten Oldies bestreiten in den USA überaus populäre Nostalgie-Dragster-Rennen für Hot Rods.

Top Fuel Dragster

Die zehn Meter langen Top Fuel Dragster beschleunigen in 4,7 Sekunden auf über 512 km/h. Es sind die schnellsten und stärksten Rennwagen, die es gibt. Top Fuel Dragster dürfen nach dem Zieleinlauf inklusive Fahrer nicht mehr als 989 Kilogramm wiegen. Eingesetzt werden amerikanische, kompressoraufgeladene V8-Rennmotoren von Keith Black, Swindahl und anderen Tunern mit meist 8.200 ccm Hubraum. 6.000 PS an der Hinterachse gelten heute als Voraussetzung für den finalen Sieg. Für den nötigen Schub sorgt ein hoch oktanhaltiges Treibstoffgemisch aus Nitromethan. Nur sehr erfahrene Profi-Rennfahrer erhalten eine Startgenehmigung für diese oberste Dragster-Klasse.

Funny Cars

Absolute Publikumslieblinge sind die schwierig zu fahrenden Funny Cars. Die Karosserie entspricht noch andeutungsweise einem Serienfahrzeug, aber unter der flachen Kevlar-Karosse tobt ein gut 4.000 PS starker kompressoraufgeladener V8-Rennmotor, der mit Methanol befeuert wird. Geradeausfahren wird mit über 4.000 PS an den Reifen oft zum echten Balanceakt. Funny Cars sind über 400 km/h schnell und durchfahren die Ziellinie in weniger als sechs Sekunden. Spektakuläre Unfälle sind in dieser professionellen Rennklasse keine Seltenheit.

Pro Mod Cars

In dieser besonders vielschichtigen Klasse werden teilweise über zwölf Liter große amerikanische V8-Motoren mit Kompressoraufladung und Lachgas gefahren. Die Karosserie muss noch weitgehendst der originalen Stahlkarosse entsprechen. Innerhalb von sieben Sekunden erreichen die schnellsten Pro Mod Cars bei 340 km/h auf dem Tacho die Ziellinie. Kein schlechter Wert für einen 50 Jahre alten Chevrolet Bel Air mit Stahlkarosse!

Competition Cars

Damit die Chancengleichheit auch bei völlig unterschiedlich gestylten Dragstern gewährleistet ist, schreibt die NHRA noch 36 verschiedene Gewichtsklassen bei den

Nur mit der Hilfe von Bremsschirmen lassen sich Dragster bei Geschwindigkeiten bis über 500 km/h nach dem Zieldurchgang wirkungsvoll abbremsen und in Geradeausfahrt stabilisieren. Die ersten Bremsschirme wurden in den 1960er-Jahren in England für Jagdflugzeuge entwickelt. Unser historisches Foto zeigt eine circa 250 km/h schnelle Testfahrt mit dem ehemaligen Rekordfahrzeug von John Cobb, einem Railton.

Competition Cars vor. Über einen Handicap-Index kann ein deutlich schwererer Wagen gegen einen leichteren Konkurrenten bei gleicher Motorstärke gewinnen. Nicht zuletzt sorgen Super Street und Super Gas Cars für ein brechend volles Starterfeld von mindestens 200 Teilnehmern und 900 Starts in drei Tagen Rennbetrieb. Das wichtigste und publikumsstärkste Dragster-Rennen Europas, die berühmten NitrOlympX, findet immer Mitte August in Hockenheim statt.

Mit Raketenantrieb geht alles noch viel rasanter. Der potenteste Dragster überhaupt ist bislang „Vanishing Point" von Sammy Miller. Kaum zu glauben, aber wahr: Das Geschoss erreichte eine Bestzeit von 3,58 Sekunden auf der genormten, 402,33 Meter langen Dragster-Strecke. Bei der Zieldurchfahrt registrierten die Lichtschranken eine Geschwindigkeit von 621 km/h!

Das neue Raketenzeitalter sorgte in den 1970er-Jahren für Furore. Als erster Dragster mit Flüssigkeitsraketenantrieb stand dieser kompakte X-1 im Jahr 1976 am Start. Spitze: 536 km/h nach 402 Metern. Durch einen technischen Defekt verunglückte der Fahrer nach einigen erfolgreichen Rekordfahrten leider tödlich.

Seite 120: Im Herbst 1969 stellte Art Arfons mit dem Gasturbinen-Dragster „Cyclops" auf dem Drag Strip von Rockingham in North Carolina einen neuen Rekord über die Viertelmeile (402,33 Meter) auf. Eine gebrauchte, stark modifizierte F-104 Starfighter-Turbine mit Nachbrenner sorgte für 17.500 PS und eine damals sensationelle Zielgeschwindigkeit von 440,14 km/h.

Craig Breedlove gelang es mehrfach, den absoluten Geschwindigkeitsweltrekord auf dem Salzsee von Bonneville zu brechen. Gasturbinen lieferten den Vortrieb. Mit diesem ultrakompakten Dragster flog er mit 643 km/h von der Fahrbahn und kam nahezu unverletzt mit dem Schrecken davon. Angetrieben wurde das Geschoss von einem 22.000 PS starken Raketenmotor.

Nur ein optimal „vorgeheizter" Reifen bringt die brutale Kraft des über 5.000 PS starken Kompressor-Motors auf den Asphalt. Der Burn out ist das oft alles entscheidende Vorspiel für den eigentlichen Start über die Viertelmeilen-Distanz (402 Meter). Das Foto zeigt einen Top Fuel Funny Car beim Burn out.

Mit Santa Pod fing alles an

In den 1960er-Jahren trennte sich die britische Royal Air Force von einem Teil ihrer bislang nur militärisch genutzten Landepisten, die aus strategischen Gründen nicht mehr benötigt wurden. Podington Airstrip in der Grafschaft Bedfordshire gehörte dazu. Etwa zwei Fahrstunden von London entfernt erregte dieser kleine Flugplatz mit einer fast zwei Kilometer langen Startbahn schnell das Interesse von einigen motorsportbegeisterten Fans. Sie wollten endlich eine eigene Dragster-Rennstrecke außerhalb der USA etablieren. Die alte, ziemlich heruntergekommene Start-und-Lande-Piste kam ihnen gerade recht, weil das ganze Areal zu einem fast symbolischen Preis gepachtet und später erworben werden konnte. In Anlehnung an den berühmten kalifornischen Drag Strip „Santa Ana" tauften die englischen Rodder ihre neue Dragster-Strecke „Santa Pod". Seit 1966 werden auf der frisch renovierten Asphaltpiste Dragster-Rennen gefahren, die in der europäischen Dragster-Szene Symbolcharakter haben. Hier werden jedes Jahr neue europäische Bestzeiten aufgestellt, und nicht wenige der besten Fahrer erlebten hier Schrecksekunden, die keiner vergisst, der mit Tempo 400 ins Abseits gerät.

Spektakuläre Dragster-Szenen in der guten Stube

Für kurzweilige Fernsehreportagen eignen sich Dragster-Rennen besonders gut, weil jeder Renntag spektakuläre Aktionen bietet, die alle Fahrer hassen: brennende Funny Car Dragster, explodierende Top-

Der Start: Auf diesen Moment kommt es beim Dragster-Rennen an. Die Ampel springt auf Grün, beide Fahrer geben die Bremse frei und treten aufs Gaspedal. Nun zeigt sich, welcher Reifen die Kraft des Motors in Vortrieb bestmöglich umsetzen kann. Bei Brad Andersons Funny Car verwindet sich der Slick-Reifen deutlich – ein sicheres Indiz, dass die Reifen optimale Haftung entwickeln. Er gewann den Lauf auf dem Indianapolis Raceway.

Fuel-Motoren, Dragster knallen in die Leitplanken – packende Momente für den Kameramann und die Zuschauer an der Rennstrecke oder auf der Couch. Für die Dragster-Fans vom Santa Pod Raceway brachen stürmische Zeiten heran, denn die Fernsehbilder zeigten Wirkung und lockten selbst notorische Sofagucker an die Piste. Man investierte tüchtig Geld und etablierte sich bald als Nabel der europäischen Dragster-Welt. Sehr schnell erkannten auch andere europäischen Rennfans die Chance auf eine eigene Dragster-Rennstrecke, die im Unterhalt deutlich günstiger ist als ein Rundstreckenkurs wie Brands Hatch oder der Nürburgring, denn ausgediente Militärbasen gab es auch genügend auf dem europäischen Festland. So entstanden in den letzten zwanzig Jahren neue oder umgebaute Dragster-Rennstrecken auf alten Flugplätzen in Holland, Schweden, Norwegen, Deutschland, Österreich, Frankreich und der Schweiz. Zeit für eine Europameisterschaft, die von der obersten internationalen Motorsportbehörde FIA ins Leben gerufen wurde.

Rico Anthes – immer hart am Limit

Für die angelsächsischen Rennfans ist Santa Pod immer noch die Nummer eins in Europa, aber der Zuschaueraandrang und die Spitzenqualität der Show beweisen, dass die NitrOlympX auf dem Motodrom von Hockenheim einsame Spitzenklasse zeigen. Sie werden jedes Jahr Mitte August veranstaltet. Initiator der NitrOlympX war und ist der Fachmann für Marketing Rico Anthes mit

Dragster

Burn-out-Szene von zwei Top Fuel Dragstern im Kampf um die amerikanische Meisterschaft. Gegeneinander fahren die jeweils stärksten und schnellsten Rennwagen. Mit einem Gewicht von nur 989 Kilogramm – jeder Kleinwagen wiegt mehr – werden heute über 6.000 PS aus den 8.200 ccm großen V8-Kompressormotoren mobilisiert. In 4,6 Sekunden beschleunigen die stärksten Top Fuel Dragster auf 512 km/h.

seinem Partner Mathias Seidler. Rico Anthes eroberte sich mit seiner zum Dragster umgebauten Citroën 2CV-„Wildente" bei seinen ersten Rennen schnell die Herzen aller Zuschauer. Eine „Ente" schlägt die stärksten amerikanischen Street Cars? Für den cleveren Rico alles kein Problem. Schaut man unter die dünne Blechkarosse des 2CV, werkelte dort ein äußerst potenter amerikanischer V8-Kompressormotor mit 850 PS. Auf die sauschnelle „Wildente" folgte ein bildschön präparierter, 2.000 PS starker Funny Car mit Mercedes-Benz-Karosse. Rico wurde mit diesem blaugelben Boliden gern gesehener Gast auch bei amerikanischen Dragster-Rennen. Zielsicher steuerte der Langener Ende der 1980er-Jahre zwei Fixpunkte in seinem Leben an: schnellster europäischer Top-Fuel-Dragster-Fahrer und eine permanente

Dragster-Rennstrecke in Deutschland, die sich vor keiner amerikanischen Rennstrecke verstecken muss. Beides gelang ihm. Anthes wurde mehrfacher Europameister der höchsten und anspruchsvollsten Klasse, den 6.000 PS starken Top Fuel Dragstern. Und auch die zweite Rechnung ging auf. Die als sparsam eingestuften Eigner der Betreibergesellschaft des Hockenheimrings ließen sich nach zwei Rennen auf der viel zu kurzen Start-und-Ziel-Geraden davon überzeugen, dass sich eine permanente Dragster-Rennstrecke auf dem Motodrom rechnen würde. Das war die Geburt der legendären NitrOlympX, die seit 1989 jedes Jahr über 70.000 Zuschauer anziehen und von Anthes' Drag Racing Team professionell organisiert werden. Eine bemerkenswerte Karriere mit einem hart verdienten Happy End.

In Amerika bieten Dragster-Rennen seit 1951 Volkssport auf hohem Niveau. In nahezu jeder mittelgroßen Stadt werden solche Rennen für Amateure und zukünftige Profirennfahrer veranstaltet. Keine andere Motorsportart zieht dort mehr Zuschauer an. Dieser Hot Rod startet in der Amateurklasse „Altered Cars".

Der gelbe, einst britische Ford Anglia fährt bei amerikanischen Dragster-Rennen in der besonders stark besetzten Altered-Klasse. Bei den „Nationals" stehen bis zu 2.000 Hot Altereds in 36 verschiedenen Klassen am Start. Die Qualifikation für die Finalläufe erstreckt sich über eine volle Woche, weil das Starterfeld so stark ist.

In der Super-Competition-Klasse sind umfangreiche Tuning-Maßnahmen erlaubt, wie das Foto von den NitrOlympX auf dem Hockenheimring zeigt. Die Basis für diesen gut 2.000 PS starken Hot Rod bildet ein Ford Three-Window Coupé. Die Super-Comp-Klasse ist die oberste Amateur-Klasse weltweit.

Dragster

Sicherheit und Chancengleichheit lautet die Maxime für jedes Dragster-Rennen. Darüber wachen die National Hot Rod Association und weitere Dachverbände. Bei der technischen Abnahme wird jeder Wagen gewogen (unser Bild), vermessen und auf die vorgeschriebenen Sicherheitseinrichtungen geprüft.

Mit Santa Pod fing alles an

Ein technisches Meisterwerk stellt dieser VW-Käfer von Paul Hughes dar. Als Antrieb dient ein 650 PS starker Vierzylinder-Käfer-Motor, der nicht im Heck, sondern in der Chassismitte platziert ist. Seine Kraft bezieht er durch zwei Turbolader und Methanol-Einspritzung. Spitze: 365 km/h.

Dragster

Prall gefüllte Tribünen bei den „Nationals" in Amerika. 16 Top Fuel Funny Cars warten auf die Startfreigabe. Alle drei Minuten steht eine neue Entscheidung an. So bleibt die Spannung bei den Zuschauern und den Fahrern voll erhalten: Denn nur der Schnellere gewinnt, während der Verlierer ausscheiden muss.

Aller Anfang ist schwer. 1966 wurde das erste europäische Dragster-Rennen auf einem stillgelegten Airport in England organisiert, der den Namen „Santa Pod" erhielt. Unser Szenenfoto von damals zeigt drei englische Sling Shot Dragster – seinerzeit das Nonplusultra in Europa. Vorne ein Jaguar-Sechszylinder mit Roots-Kompressor, dahinter zwei Vierzylinder mit und ohne Aufladung.

Mit Santa Pod fing alles an

Ein spektakulärer Crash ohne Blessuren. Mitte der 1980er-Jahre besorgten sich die europäischen Cracks die ersten 2.000 PS starken Kompressormotoren aus den USA. Beim Burn out ist der Vauxhall Funny Car noch im Lot.

Mit Santa Pod fing alles an

Wegen eines technischen Defekts reißt es den knapp 300 km/h schnellen Funny Car beim Beschleunigen aus der Spur. Sein Fahrer aktiviert den Bremsschirm einen Wimpernschlag später. Die Fotografen und der Autor des Buches erleben das Drama hautnah mit, bleiben aber unverletzt.

Beim Durchstoßen der Betonmauer wird der komplette Wagen in Stücke zerrissen. Der Fahrer sitzt noch angeschnallt in seinem Sitz.

X-mal überschlagen sich die Reste des Funny Cars mit seinem Fahrer, der durch den massiven Überrollkäfig vor dem Schlimmsten bewahrt wird.

Wunder gibt es immer wieder. Fast ohne Blessuren steigt Roland Pratt aus seinem Wrack. Die Fotoserie ging um die Welt.

Obwohl unter der formschönen Kunststoffhaut astreine amerikanische V8-Motorentechnik steckte, durfte Rico Anthes mit Billigung von Daimler-Benz das Emblem tragen. Sowohl in den USA als auch in Europa wurde Anthes' Benz zu einem absoluten Publikumsliebling, wie hier auf dem Salzburgring 1992.

Als gelernter Werbefachmann verstand es Rico Anthes wie kein anderer deutscher Dragster-Fahrer, wichtige Sponsoren an Land zu ziehen. Sie wurden mit einer hervorragenden Show belohnt, die immer mehr TV-Sender anlockte. Im Schlepptau dazu stiegen in ganz Europa die Zuschauerzahlen sprunghaft an, obwohl die meisten Dragster-Strecken noch keinesfalls dem hohen amerikanischen Standart entsprachen.

Die erfolgreichsten Top Fuel Dragster werden in den USA gebaut. Dieser Mc Kinney Top Fuel Dragster von Urs Erbacher ist über 6.000 PS stark und beschleunigt in weniger als 4,9 Sekunden auf 512 km/h. Bis zur letzten Minute vor dem Start kontrolliert die sieben Mann starke Boxencrew das rund 500.000 Euro teure Schmuckstück durch.

Mit viel Enthusiasmus, aber wenig Geld in der Tasche entstanden in den 1970er-Jahren heutzutage abenteuerlich anmutende Dragster. 1976 wagte sich dieser englische Bolide noch mit ausgedienten Lastwagenreifen an den Start.

Getreu dem Motto „Das Beste ist gerade genug" sattelte Deutschlands populärster Dragster-Fahrer Rico Anthes Anfang der 1990er-Jahre von seiner kuriosen 2CV-„Wildente" auf einen etwa 3.500 PS starken Funny Car Dragster um, der im Kühlergrill den Mercedes-Stern trug.

Dragster

Statt ins Kino zu gehen, sieht man sich nun auch in Europa ein Dragster-Rennen mit der ganzen Familie an. Bis auf den letzten Platz sind die Tribünen in Hockenheim bei den NitrOlympX besetzt. Die Signaltafel zeigt die Ziellinie, dahinter folgt die extrem kurze Bremszone von oft nur 400 Metern. Ein echte Herausforderung für die Fahrer, die mit über 500 km/h auf das Ende der Piste zurasen. In Hockenheim beträgt die Bremszone zum Glück volle 1.500 Meter – ein absoluter Spitzenwert für Europa.

Mit Santa Pod fing alles an

Zwei Top Methanol Funny Cars beim Burn out, dem Vorwärmen der profillosen Slick-Reifen. Erst bei 90 bis 100 Grad Reifentemperatur wird die maximale Haftung erreicht. Jürgen Nagel, links auf der Strecke, ist der erfolgreichste deutsche Fahrer in dieser besonders schwierig zu beherrschenden Klasse. Sein Funny Car ist ein amerikanischer Chevrolet Camaro Z28 von 2008. Top Speed: über 420 km/h.

Seite 138: Bei amerikanischen Dragster-Rennen werden die finalen Zweikämpfe um den Sieg meist in der Nacht ausgetragen: eine spektakuläre Show für die Zuschauer, aber auch ein brutaler Nervenkitzel für die Fahrer, die mit über 500 km/h durch die Dunkelheit rasen. Bei den NitrOlympX in Hockenheim gibt es bei der Night-Show eine Kostprobe. Das Foto zeigt einen Top Fuel Dragster beim Start. Unverbranntes Nitro-Methanol schießt aus den acht Auspuffrohren.

Dragster

Im Minutentakt erleben die Zuschauer spannende Entscheidungen der PS-Giganten, wie bei den 6.000 PS starken Top Fuel Dragstern. Der mehrfache Europameister Andy Carter wird zur Startlinie geschleppt. Bei einer Höchstgeschwindigkeit von über 500 km/h entwickelt der riesige Heckflügel einen Anpressdruck von etwa vier Tonnen.

Mit Santa Pod fing alles an

Eine nasse Rennstrecke kann mit diesem Truck, auf dessen Ladepritsche ein Düsentriebwerk installiert ist, in kürzester Zeit abgetrocknet werden. Die heiße Abgasluft wird auf die Fahrbahn geblasen – und schon geht das Rennen weiter.

Seite 142: Showtime in Hockenheim. Einer der Höhepunkte ist der Burn-out-Contest.

Mehr Lust zum Schmökern?

CHROM & FLAMMEN
Monatlich erscheinende Fachzeitschrift über die
amerikanische und europäische Hot-Rod-,
Street-Rod und Muscle-Car-Szene.
www.c-u-f.de

STREET CAR & BIKE MAGAZINE
Vierteljährlich erscheinende Fachzeitschrift für
Hot Rods, Custom Cars und Muscle Cars.
www.street-magazine.de

HOT ROD MAGAZINE
Die älteste und auflagenstärkste
amerikanische Fachzeitschrift.
www.hotrod.com

DRAGRACER
Neue Fachzeitschrift. Berichtet ausführlich über
die aktuellen Dragster-Rennen in Europa.
www.dragracer.de

Hier trifft sich die Szene

NITROLYMPX
Das bedeutendste Dragster-Rennen in Europa auf
dem Hockenheim Motodrom. Termin: Mitte August.
www.nitrolympx.de

TUNING WORLD
Die wichtigste Messe der Tuning- und US-Car-Szene
in Deutschland. Termin: Ende April in Friedrichshafen.
www.tuningworldbodensee.de